FUNDAMENTOS DE MODELAGEM E SIMULAÇÃO DE EVENTOS DISCRETOS

FUNDAMENTOS DE MODELAGEM E SIMULAÇÃO DE EVENTOS DISCRETOS

Marina Vargas

Rua Clara Vendramin, 58 – Mossunguê
CEP 81200-170 – Curitiba – PR – Brasil
Fone: (41) 2106-4170
www.intersaberes.com
editora@intersaberes.com

Conselho editorial
Dr. Alexandre Coutinho Pagliarini
Dr.ª Elena Godoy
Dr. Neri dos Santos
M.ª Maria Lúcia Prado Sabatella

Editora-chefe
Lindsay Azambuja

Gerente editorial
Ariadne Nunes Wenger

Assistente editorial
Daniela Viroli Pereira Pinto

Preparação de originais
Ana Maria Ziccardi

Edição de texto
Arte e Texto Edição e Revisão de Textos

Capa
Luana Machado Amaro (*design*)
Madredus/Shutterstock (imagem)

Projeto gráfico
Sílvio Gabriel Spannenberg

Adaptação do projeto gráfico
Kátia Priscila Irokawa

Diagramação
Rafael Zanellato

***Designer* responsável**
Charles L. da Silva

Iconografia
Regina Claudia Cruz Prestes
Sandra Lopis da Silveira

Dados Internacionais de Catalogação na Publicação (CIP)
(Câmara Brasileira do Livro, SP, Brasil)

Gonçalves, Marina Vargas Reis de Paula
  Fundamentos de modelagem e simulação de eventos discretos / Marina Vargas Reis de Paula Gonçalves. -- Curitiba, PR : InterSaberes, 2024.

  Bibliografia.
  ISBN 978-85-227-1346-2

  1. Métodos de simulação 2. Otimização matemática I. Título.

24-200328   CDD-511.8

Índices para catálogo sistemático :
1. Modelagem matemática   511.8

Cibele Maria Dias – Bibliotecária – CRB-8/9427

1ª edição, 2024.
Foi feito o depósito legal.

Informamos que é de inteira responsabilidade da autora a emissão de conceitos.

Nenhuma parte desta publicação poderá ser reproduzida por qualquer meio ou forma sem a prévia autorização da Editora InterSaberes.

A violação dos direitos autorais é crime estabelecido na Lei n. 9.610/1998 e punido pelo art. 184 do Código Penal.

Sumário

11 *Apresentação*
13 *Como aproveitar ao máximo este livro*

21 **Capítulo 1 – Análise de decisão**
21 1.1 Conceitos básicos
21 1.2 O que são eventos discretos
25 1.3 Tomada de decisão sem experimentação
26 1.4 Tomada de decisão com experimentação
28 1.5 Árvore de decisão

47 **Capítulo 2 – Processos estocásticos**
47 2.1 Cadeias de Markov
55 2.2 Equações de Chapman-Kolmogorov
59 2.3 Classificação dos estados de uma cadeia de Markov
61 2.4 Modelos de decisão markovianos

77 **Capítulo 3 – Teoria de filas**
77 3.1 Estrutura básica dos modelos de filas e exemplos de sistemas
81 3.2 O papel da distribuição exponencial
84 3.3 O processo de nascimento e morte
91 3.4 Modelos de filas com distribuições não exponenciais

99 **Capítulo 4 – Modelagem, simulação e implementação de projetos**
99 4.1 Introdução à modelagem e à simulação de sistemas
102 4.2 Coleta de dados
104 4.3 Modelagem
109 4.4 Testes de validação do modelo
111 4.5 Elaboração de alternativas e cenários
115 4.6 Análise de resultados e implementação

121 **Capítulo 5 – Simulação de Monte Carlo**
121 5.1 Definição
125 5.2 Funcionamento
137 5.3 Coleta de dados
142 5.4 Análise e tratamento de dados coletados

- 163 *Considerações finais*
- 164 *Lista dos códigos Python*
- 166 *Referências*
- 168 *Bibliografia comentada*
- 170 *Respostas*
- 175 *Sobre a autora*

*A meu marido, minhas filhas e meu
filho. Por e para vocês.*

Agradecimentos

Neste livro, abordo a simulação de eventos discretos, uma metodologia para modelar e analisar sistemas complexos e dinâmicos. Essa é uma área de pesquisa interdisciplinar que combina conhecimentos de várias áreas, incluindo matemática, estatística, computação, engenharia, economia, entre outras. Quero expressar minha gratidão a todos que contribuem, direta ou indiretamente, para este trabalho.

Em primeiro lugar, expresso minha gratidão à minha família, por estar sempre ao meu lado, especialmente, aos meus pais, que sempre se esforçaram para me proporcionar boas oportunidades acadêmicas.

Em particular, agradeço ao meu marido, por seu apoio incondicional. Ele apoia minhas escolhas e me ajuda a superar todos os obstáculos. É meu porto seguro e meu amigo fiel.

Também agradeço aos meus filhos, por compreenderem minha ausência e acreditarem em mim. São minha inspiração e motivação, dão-me força e coragem para continuar e mostram-me o verdadeiro propósito da vida. São meus protetores e meus tesouros mais preciosos. Fazem-me rir e chorar, mas, acima de tudo, fazem-me feliz. São meu orgulho e minha razão de viver.

Agradeço também às professoras Flávia Sucheck, Ana Paula Janz Elias e ao professor Guilherme Pianezzer, pelo convite para escrever sobre um assunto que me fascina e que é parte da minha jornada acadêmica desde os primeiros conceitos aprendidos sobre estatística, passando pela simulação e pela programação, e continuando com novas pesquisas na área. Desempenham um papel fundamental no sucesso deste projeto, e sou grata pela oportunidade.

Por último, mas não menos importante, agradeço aos meus queridos amigos, por fazerem parte da minha vida de tantas maneiras diferentes, não apenas palavras de encorajamento, carinho, respeito ou admiração, mas também discordando e fazendo-me repensar e crescer, mostrando-me que a vida pode ser vista de muitas perspectivas diferentes. São meus companheiros e confidentes, dão-me apoio e amizade, e fazem críticas construtivas e sugestões valiosas. São meus colegas e aliados, coautores desta obra e da minha história.

A todos vocês, muito obrigada.

"Não! Tentar, não. Faça ou não faça. Tentativa não há".
(Mestre Yoda em *Star Wars: o império contra-ataca*)

Apresentação

O uso de simulações tem se fortalecido ao longo dos anos, ganhando relevância em uma ampla gama de áreas. Como destacado em um relatório publicado pela National Science Foundation (NSF), em 2006, a ciência da engenharia baseada em simulação apresenta um enorme potencial para transformar as engenharias por meio do uso de tecnologias e métodos de simulação.

Como o uso de simulações não se restringe à engenharia, uma vez que se pode simular desde movimentação de multidões e estratégias de investimento até modelos climáticos, terremotos e pesquisas de intenções de voto, nossa proposta é explorar algumas dessas aplicações, guiando os leitores pelo universo da simulação de eventos discretos.

Este livro foi escrito pensando, especialmente, em estudantes, profissionais e entusiastas das áreas de estatística, matemática, engenharia, ciências da computação, economia, entre outras que utilizam modelagem e simulação. Nosso objetivo é fornecer uma base teórica acompanhada de um enfoque prático e aplicado. Uma das principais características que diferenciam esta obra de outras disponíveis no mercado é a utilização da linguagem de programação Python, conhecida pela sua eficácia no tratamento de grandes conjuntos de dados e em cálculos complexos.

No Capítulo 1, discutimos a análise de decisão e apresentamos técnicas para tomar decisões sem experimentação e com experimentação. Também introduzimos a árvore de decisão como uma ferramenta útil para visualizar e analisar problemas de decisão.

No Capítulo 2, exploramos os processos estocásticos e apresentamos as cadeias de Markov como uma abordagem para modelar sistemas que evoluem ao longo do tempo. Examinamos as equações de Chapman-Kolmogorov e a classificação dos estados de uma cadeia de Markov. Também introduzimos modelos de decisão markovianos como uma extensão das cadeias de Markov para problemas de decisão.

No Capítulo 3, apresentamos a teoria das filas e os modelos de filas para analisar sistemas com congestionamento. Avaliamos o papel da distribuição exponencial e o processo de nascimento e morte na modelagem de filas. Também identificamos modelos de filas baseados nos processos de nascimento e morte e modelos de filas com distribuições não exponenciais.

No Capítulo 4, abordamos a modelagem e a simulação de sistemas, destacando a relevância dessas ferramentas na análise e na previsão de comportamentos em ambientes complexos. Discutimos a importância da coleta de dados precisa, fundamentada na realidade, para a construção de modelos robustos. Aprofundamo-nos também na modelagem de sistemas, em que técnicas e teorias são aplicadas para representar fenômenos reais de forma matemática ou computacional. Examinamos os métodos de validação de modelos, enfatizando testes rigorosos para assegurar a precisão e a confiabilidade. Exploramos ainda a elaboração de alternativas e cenários, essenciais para a compreensão abrangente e a preparação para diferentes desfechos. Concluímos com a análise de resultados de simulações, cruciais para a tomada de decisões e implementação de estratégias eficazes.

No Capítulo 5, exploramos a simulação de Monte Carlo e discutimos como ela pode ser usada para modelar incertezas em sistemas complexos. Apresentamos o funcionamento desse tipo de simulação, incluindo a geração de números aleatórios, modelagem de incertezas e repetição de experimentos. Discutimos, por fim, como coletar os dados necessários para essa simulação e como analisar e tratar os dados coletados.

Cada capítulo é enriquecido com exemplos práticos e exercícios resolvidos usando Python, o que proporcionará aos leitores uma experiência de aprendizado prático.

Nossa intenção é que este livro, além de uma obra teórica, seja uma ferramenta projetada para compartilhar conhecimento prático em simulações de eventos discretos e esperamos que ele seja uma referência útil para qualquer pessoa interessada em entender e aplicar as técnicas de simulação para resolver problemas do mundo real.

Como aproveitar ao máximo este livro

Empregamos nesta obra recursos que visam enriquecer seu aprendizado, facilitar a compreensão dos conteúdos e tornar a leitura mais dinâmica. Conheça a seguir cada uma dessas ferramentas e saiba como estão distribuídas no decorrer deste livro para bem aproveitá-las.

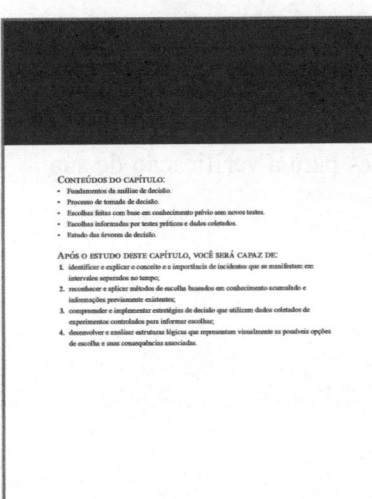

Conteúdos do capítulo:
Logo na abertura do capítulo, relacionamos os conteúdos que nele serão abordados.

Após o estudo deste capítulo, você será capaz de:
Antes de iniciarmos nossa abordagem, listamos as habilidades trabalhadas no capítulo e os conhecimentos que você assimilará no decorrer do texto.

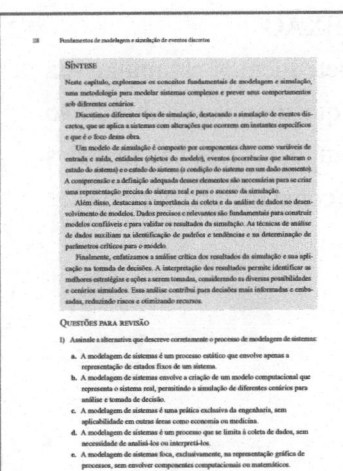

Síntese
Ao final de cada capítulo, relacionamos as principais informações nele abordadas a fim de que você avalie as conclusões a que chegou, confirmando-as ou redefinindo-as.

Questões para revisão

Ao fazer estas atividades, você poderá rever os principais conceitos analisados. Ao final do livro, disponibilizamos as respostas às questões para a verificação de sua aprendizagem.

Questões para reflexão

Ao propor estas questões, pretendemos estimular sua reflexão crítica sobre temas que ampliam a discussão dos conteúdos tratados no capítulo, contemplando ideias e experiências que podem ser compartilhadas com seus pares.

O QUE É
Nesta seção, destacamos definições e conceitos elementares para a compreensão dos tópicos do capítulo.

EXEMPLIFICANDO
Disponibilizamos, nesta seção, exemplos para ilustrar conceitos e operações descritos ao longo do capítulo a fim de demonstrar como as noções de análise podem ser aplicadas.

Para saber mais

Sugerimos a leitura de diferentes conteúdos digitais e impressos para que você aprofunde sua aprendizagem e siga buscando conhecimento.

Exercícios resolvidos

Nesta seção, você acompanhará passo a passo a resolução de alguns problemas complexos que envolvem os assuntos trabalhados no capítulo.

Preste atenção!
Apresentamos informações complementares a respeito do assunto que está sendo tratado.

Importante!
Algumas das informações centrais para a compreensão da obra aparecem nesta seção. Aproveite para refletir sobre os conteúdos apresentados.

Bibliografia comentada

Nesta seção, comentamos algumas obras de referência para o estudo dos temas examinados ao longo do livro.

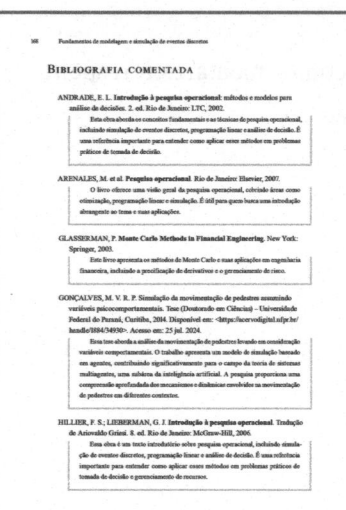

Conteúdos do capítulo:
- Fundamentos da análise de decisão.
- Processo de tomada de decisão.
- Escolhas feitas com base em conhecimento prévio sem novos testes.
- Escolhas informadas por testes práticos e dados coletados.
- Estudo das árvores de decisão.

Após o estudo deste capítulo, você será capaz de:
1. identificar e explicar o conceito e a importância de incidentes que se manifestam em intervalos separados no tempo;
2. reconhecer e aplicar métodos de escolha baseados em conhecimento acumulado e informações previamente existentes;
3. compreender e implementar estratégias de decisão que utilizam dados coletados de experimentos controlados para informar escolhas;
4. desenvolver e analisar estruturas lógicas que representam visualmente as possíveis opções de escolha e suas consequências associadas.

1
Análise de decisão

1.1 Conceitos básicos

A análise de decisão é uma teoria sistemática que permite quantificar eventos para auxiliar na tomada de decisões. Trata-se de um campo interdisciplinar focado em elaborar modelos e técnicas que ajudam indivíduos a fazer escolhas informadas em cenários complexos e incertos (Andrade, 2002; Arenales et al., 2007).

Os fundamentos da análise de decisão provêm de diversas áreas, como matemática, estatística, ciência da computação, psicologia, economia, entre outras. A finalidade principal da reunião dessas diferentes áreas é proporcionar uma estrutura que auxilie indivíduos a fazer escolhas racionais e fundamentadas em evidências, mesmo quando as informações são escassas ou incompletas. Isso pode abranger decisões em negócios, finanças, política, saúde, engenharia e muitos outros campos.

O uso de modelos matemáticos e técnicas de análise para avaliar as opções disponíveis e determinar a mais benéfica é comum nessa área. Os modelos podem englobar análises de risco, análises de custo-benefício, programação linear, teoria dos jogos, entre outras técnicas de análise de decisão (Hillier; Lieberman, 2006).

Outro aspecto importante é o estudo do processo de tomada de decisão, incluindo coleta de informações, identificação de alternativas, avaliação das opções e a escolha em si. Esse aspecto contempla o estudo de heurísticas e vieses cognitivos que podem influenciar a tomada de decisão.

1.2 O que são eventos discretos

A análise de decisão envolve a avaliação de diferentes alternativas e a escolha da melhor opção com base em critérios específicos. Essa análise, muitas vezes, requer uma compreensão de como os eventos podem se desdobrar e afetar o resultado de uma decisão. Eventos discretos desempenham um papel importante nesse contexto.

Eventos discretos referem-se a ocorrências que surgem em um conjunto finito ou enumerável de pontos no tempo e resultam em uma mudança de estado no sistema (Banks et al., 2005; Ross, 2006). Eles são caracterizados por apresentar uma delimitação clara entre os pontos no tempo em que ocorrem, manifestando-se por meio de saltos distintos de um evento para o próximo.

Os eventos contínuos, entretanto, ocorrem ao longo de qualquer ponto no tempo e acompanham dinamicamente a continuidade do sistema. A descrição desses eventos exige funções matemáticas contínuas e eles se desenrolam sem interrupções abruptas, fluindo de um evento para o seguinte sem saltos.

Para ilustrar, o número de automóveis que passa por uma rua num intervalo de tempo específico é um exemplo de evento discreto. Cada carro pode ser contado de forma individualizada e há um número finito ou enumerável de veículos que podem passar por essa rua em um período determinado.

Os eventos discretos são comuns em muitos domínios, como em sistemas de filas, simulações de computador e análises de dados. A seguir, apresentamos alguns exemplos de eventos discretos:

1. **Lançamento de uma moeda**: Quando lançamos uma moeda para o alto, o resultado de sua queda é um evento discreto, porque será ou cara ou coroa, isto é, não pode existir um resultado intermediário.
2. **Contagem de pessoas em um evento**: A contagem de participantes em um evento é um exemplo de evento discreto, pois cada pessoa pode ser contabilizada de forma individual e não é possível ter uma fração de pessoa.
3. **Número de acidentes de trânsito em uma rodovia em um período específico**: Também este é um evento discreto, uma vez que cada acidente é um evento separado que pode ser contado individualmente.
4. **Número de *e-mails* recebidos em um dia**: Cada *e-mail* pode ser contado apenas individualmente e não podemos receber uma fração de um *e-mail*.

Outros exemplos podem ser vistos em áreas como finanças, medicina e teoria dos jogos, dentre eles: o número de negócios concluídos por uma empresa em um determinado período; o número de pacientes que recebem alta em um hospital em um dia específico; o número de pontos marcados por uma equipe em um jogo de basquete, respectivamente.

De acordo com Cassandras e Lafortune (2021), um sistema de eventos discretos é um sistema cujo espaço de estados é discreto e a dinâmica é orientada por eventos.

O QUE É

Definição: O espaço de estados de um sistema é o conjunto de todas as possíveis configurações ou estados em que o sistema pode existir. Cada estado representa uma combinação única de condições ou variáveis que definem completamente a situação do sistema em um determinado momento.

A evolução do estado do sistema depende da ocorrência de eventos discretos assíncronos e instantâneos. A simulação de eventos discretos, como descrito por Chwif e Medina (2014), permite modelar a operação de um sistema por meio de uma sequência de eventos discretos no tempo. Cada evento ocorre num instante de tempo específico e marca uma mudança de estado no sistema.

Vamos exemplificar a seguir:

Exemplificando 1.1

Imagine o cenário de uma biblioteca universitária aonde estudantes vão para emprestar e devolver livros. A operação dessa biblioteca pode ser modelada usando a simulação de eventos discretos, caracterizados por serem assíncronos e instantâneos:

- **Evento 1** – Chegada de um estudante: um estudante entra na biblioteca. Esse evento é assíncrono, porque não sabemos exatamente quando ocorrerá, e é instantâneo, porque acontece em um ponto específico no tempo.
- **Evento 2** – O estudante escolhe um livro e solicita o empréstimo no balcão. Similarmente ao Evento 1, esse evento é assíncrono, dado que o tempo entre os empréstimos é incerto, e é instantâneo, pois o ato de emprestar o livro ocorre em um instante específico, resultando na imediata diminuição do número total de livros disponíveis.
- **Evento 3** – Devolução de um livro: um livro é devolvido à biblioteca por um estudante. Esse evento também é assíncrono, já que a devolução de livros não segue um cronograma previsível, e é instantâneo, pois a devolução altera, de forma imediata, a quantidade de livros disponíveis para empréstimo. Esse evento aumenta o número de livros disponíveis.
- **Evento 4** – Consulta no computador: um estudante utiliza um computador para acessar o catálogo *online* da biblioteca. Esse evento mantém a natureza assíncrona, uma vez que as consultas podem ocorrer a qualquer momento, e é instantâneo, pois o início da utilização do computador marca uma mudança direta na disponibilidade de computadores na biblioteca.

Devemos notar que, a cada evento, o estado da biblioteca muda: após o Evento 1, o número de pessoas na biblioteca aumenta; após o Evento 2, o número de livros disponíveis diminui; após o Evento 3, o número de livros disponíveis aumenta; após o Evento 4, o número de computadores disponíveis diminui.

Em uma simulação de eventos discretos, o modelo do sistema é construído para representar todos os eventos que podem ocorrer no sistema (Pidd, 2004). Cada evento é modelado como uma entidade distinta que pode ser programada para seguir um conjunto de regras ou uma lógica específica. A simulação de eventos discretos é bastante útil na modelagem de sistemas complexos e para testar várias condições ou cenários (Zeigler; Praehofer; Kim, 2000).

Diferentemente de outras técnicas de simulação, a simulação de eventos discretos lida, especificamente, com sistemas em que as mudanças de estado ocorrem em pontos específicos no tempo, ao contrário de sistemas contínuos, em que as mudanças de estado ocorrem de maneira contínua ao longo do tempo. Além disso, ela é particularmente útil para sistemas em que os eventos ocorrem aleatoriamente e não a intervalos regulares.

Ela é também a técnica frequentemente preferida em situações em que é necessário rastrear indivíduos ou entidades específicas ao longo do tempo, como no caso de filas ou sistemas de serviço. Por exemplo, no campo dos sistemas de transporte, a simulação de tráfego em estradas e aeroportos, o fluxo de passageiros em terminais e o agendamento de voos são problemas que podem ser simulados por meio de uma modelagem por eventos discretos (Balci, 1994).

Essa abordagem é relevante não apenas por sua capacidade de lidar com a complexidade inerente a esses sistemas, mas também por permitir a análise de uma variedade de cenários hipotéticos, sem a necessidade de interrupções operacionais ou custos associados a experimentos no mundo real (Giaberti; Revetria, 2006). Ao simular diferentes cenários, os tomadores de decisão podem avaliar o desempenho de várias estratégias, adotando as decisões mais fundamentadas e eficazes.

Outro exemplo pode ser visto na área de manufatura. Um sistema de manufatura pode ser modelado como um sistema de eventos discretos para analisar os tempos de produção, o desempenho do equipamento e o resultado de diferentes políticas de agendamento na eficiência geral da produção (Taha, 2016). Da mesma forma, em um hospital, a modelagem e a simulação de eventos discretos podem ser utilizadas para melhorar a eficiência dos processos ao reduzir os tempos de espera e aumentar a satisfação do paciente (Law; Kelton, 1999).

As incertezas também podem ser incorporadas em simulações de eventos discretos para entender melhor seu impacto sobre o desempenho do sistema. Nesse contexto, o termo *incertezas* refere-se à variabilidade ou à imprecisão associadas a determinados aspectos ou componentes de um sistema que está sendo simulado. Essa variabilidade pode surgir por várias razões, como falta de dados precisos, variações inerentes ao sistema ou imprecisões nas medições.

A modelagem de incertezas em dados espaciais e análises é um campo significativo na simulação de eventos discretos e está se tornando cada vez mais importante com o aumento da disponibilidade de dados geográficos detalhados (Sokolowski; Banks, 2011).

1.3 Tomada de decisão sem experimentação

A tomada de decisão sem experimentação é um conceito da teoria da decisão que se refere à tomada de decisão em situações em que não é possível ou prático desenvolver experimentos para coletar informações adicionais. Nesses cenários, as decisões são tomadas com base em um conjunto de informações disponíveis que podem incluir dados históricos, análises estatísticas, pesquisas de mercado e opinião de especialistas, entre outros dados.

Em algumas situações, pode ser possível desenvolver experimentos físicos ou práticos para coletar informações adicionais para apoiar a tomada de decisão. Nesse contexto, *experimentação* refere-se a testes práticos no mundo real, e não inclui métodos de análise como simulações ou experimentações teóricas.

Podemos exemplificar a importância da modelagem de incertezas em simulações de eventos discretos ao considerar a evacuação de ambientes em situações de pânico, como desmoronamentos, ameaças de bomba ou outras catástrofes. Nesses cenários, a tomada de decisão sem experimentação torna-se crucial por várias razões:

- **Ética e praticidade**: Não é ético nem prático criar situações de pânico reais para estudar o comportamento humano e as respostas de emergência. Assim, não podemos desenvolver "experimentos" no sentido tradicional para coletar dados.
- **Incertezas inerentes**: Como mencionamos, há várias incertezas envolvidas, desde o comportamento humano até as condições do ambiente. Sem a capacidade de desenvolver experimentos reais, dependemos de informações históricas, opiniões de especialistas e simulações para entender essas incertezas.
- **Necessidade de preparação**: Em emergências, a preparação é essencial. A tomada de decisão sem experimentação permite que planejadores e equipes de emergência desenvolvam protocolos e treinamentos baseados nas melhores informações disponíveis, sem a necessidade de testes práticos que poderiam colocar as pessoas em risco.

A tomada de decisão sem experimentação, geralmente, envolve o uso de modelos matemáticos para avaliar as opções disponíveis e determinar qual delas é a mais vantajosa. Esses modelos podem incluir análises de risco, análises de custo-benefício e outras técnicas de análise de decisão. A teoria da decisão fornece um conjunto de ferramentas e técnicas que ajudam a tomar decisões com base nas informações disponíveis, mesmo quando a experimentação não é possível ou prática.

Alguns dos modelos mais comuns incluem:

1. **Análise de risco**: A análise de risco é usada para avaliar as opções disponíveis com base em seus possíveis resultados e na probabilidade de cada um deles ocorrer. Essa técnica é frequentemente usada em finanças e seguros para avaliar o risco associado a investimentos e seguros.
2. **Análise de custo-benefício**: A análise de custo-benefício é usada para avaliar as opções disponíveis com base no custo de cada opção e nos benefícios que cada uma delas pode oferecer. Essa técnica é frequentemente usada em economia, política pública e engenharia.
3. **Programação linear**: Usada para otimizar uma função-objetivo sujeita a um conjunto de restrições. Essa técnica é frequentemente usada em operações de pesquisa e gerenciamento de cadeias de suprimentos para determinar a melhor maneira de alocar recursos limitados.
4. **Árvore de decisão**: A árvore de decisão é usada para visualizar todas as opções disponíveis e as possíveis consequências de cada uma delas. Essa técnica é frequentemente usada em negócios e engenharia para tomar decisões complexas que envolvem muitas variáveis.
5. **Teoria dos jogos**: Usada para modelar situações em que as decisões de um indivíduo afetam as decisões de outros indivíduos e vice-versa. Essa técnica é frequentemente usada em economia e ciência política para modelar interações estratégicas entre indivíduos e grupos.

Falaremos mais adiante sobre alguns desses modelos.

1.4 Tomada de decisão com experimentação

A tomada de decisão com experimentação é uma abordagem/metodologia dentro da análise para tomada de decisão que envolve o uso de experimentos e análises estatísticas para ajudar a tomar decisões informadas (Andrade, 2002; Arenales et al., 2007). Ao contrário da tomada de decisão sem experimentação, que usa modelos matemáticos para avaliar as opções disponíveis (Prado, 2004; Ross, 2006), a tomada de decisão com experimentação envolve testar diferentes opções em um ambiente controlado e medir os resultados (Banks et al., 2005).

Essa abordagem é frequentemente usada em campos como engenharia, ciência e medicina, em que é importante testar diferentes soluções e avaliar seus efeitos antes de tomar uma decisão final (Giaberti; Revetria, 2006; Robinson, 2014). Por exemplo, um engenheiro pode fazer testes em um protótipo para determinar qual *design* é o mais aceitável pelo mercado consumidor, de menor custo, entre outros critérios, antes de iniciar a produção em massa (Pidd, 2004).

A tomada de decisão com base em experimentações envolve o uso de métodos estatísticos para avaliar os resultados dos experimentos e determinar a adequação ou o desempenho de cada opção (Hillier; Lieberman, 2006).

Uma das principais vantagens dessa estratégia é que ela permite que os tomadores de decisão obtenham informações empíricas a respeito das opções disponíveis em vez de depender apenas de modelos matemáticos ou suposições teóricas (Zeigler; Praehofer; Kim, 2000). Essa vantagem pode levar a decisões mais precisas (Taha, 2016).

Listamos, a seguir, alguns exemplos de situações e modelos matemáticos aplicados à tomada de decisão com experimentação:

1. **Teste A/B[1] em *marketing* digital**: Uma empresa dessa área pode desenvolver um teste A/B para determinar qual versão de um anúncio é mais eficaz para converter cliques em vendas. Um modelo estatístico, como a regressão logística, pode ser usado para avaliar os resultados e determinar qual versão do anúncio é a mais eficaz.
2. **Teste de medicamentos**: Nesses testes, diferentes grupos de pacientes recebem diferentes tratamentos, e os resultados são comparados para determinar qual deles é mais eficaz. Análises estatísticas, como o teste t de Student ou a análise de variância (Anova)[2], podem ser usadas para avaliar os resultados e determinar a eficácia de cada tratamento.
3. **Teste de materiais**: Um fabricante pode desenvolver testes em diferentes materiais para determinar qual é o mais durável ou o mais resistente. Modelos estatísticos, como a análise de regressão, podem ser usados para avaliar os resultados e determinar qual material é o mais eficaz.
4. **Teste de usabilidade de um *site***: Uma empresa de tecnologia pode desenvolver testes de usabilidade em um *site* ou aplicativo para determinar qual *design* é o mais fácil de usar. Análises estatísticas, como a análise de variância, podem ser usadas para avaliar os resultados e determinar qual *design* é o mais eficaz.
5. **Teste de efetividade de uma vacina**: Uma vacina pode ser avaliada por meio de testes controlados para determinar sua efetividade. Análises estatísticas, como o teste de proporções, podem ser usadas para avaliar os resultados e determinar sua efetividade.

---

1 Teste A/B envolve a comparação de duas versões de um produto para determinar qual delas é mais eficaz em alcançar um objetivo específico, como incrementar vendas ou melhorar a satisfação do usuário. Frequentemente associado ao *marketing* digital, seu uso se estende a áreas como desenvolvimento de produtos e *design* de interface, permitindo uma tomada de decisão baseada em dados ao avaliar preferências e comportamentos do público-alvo.

2 O teste t de Student é uma técnica estatística utilizada para comparar as médias de dois grupos e determinar se elas são significativamente diferentes. Já a análise de variância (Anova) é usada para comparar as médias de três ou mais grupos, avaliando se pelo menos uma diferença entre as médias é significativa.

Em todos esses exemplos, a tomada de decisão com experimentação envolve o uso de modelos matemáticos e técnicas estatísticas para avaliar os resultados dos testes e determinar qual opção é a mais adequada.

1.5 Árvore de decisão

No campo da análise de decisão, as árvores de decisão são uma técnica que proporcionam uma representação gráfica e sistematizada das alternativas de decisão e dos respectivos resultados potenciais.

A árvore de decisão é composta por um conjunto de vértices (nós), que representam as possíveis decisões e as respectivas consequências, e de arestas, que ligam os nós e indicam as possíveis sequências de eventos.

Cada nó representa uma escolha a ser feita e cada aresta representa uma possível consequência dessa escolha. Os nós finais da árvore de decisão são chamados de *nós terminais* e representam o resultado de uma sequência de decisões e eventos.

Uma árvore de decisão é objeto de uma área maior, chamada *teoria dos grafos*. Matematicamente, uma árvore é um grafo conexo[3] sem ciclos[4].

Grafos são representações abstratas de conjuntos de objetos em que alguns pares de objetos estão conectados por *links*. Os grafos são compostos por vértices (também chamados de *nós*) e arestas que conectam esses vértices. A teoria dos grafos é uma subárea da matemática que estuda a estrutura e as propriedades de grafos.

Na Figura 1.1, vemos os nós sendo representados pelos círculos cinzas e as arestas representadas pelos segmentos de retas que partem de algum nó, podendo conectar dois ou mais nós, e identificadas pelas letras em caixa alta.

Figura 1.1 – Grafo

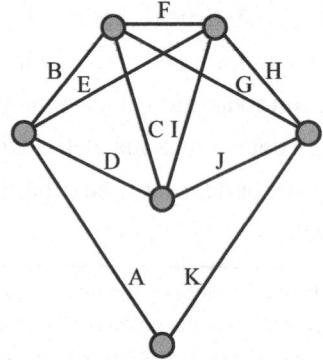

---

3   Um grafo é dito *conexo* se existe um caminho entre quaisquer dois de seus vértices. Isso significa que, por meio de qualquer vértice, é possível alcançar qualquer outro vértice do grafo, mesmo que seja por meio de vários outros vértices intermediários.

4   Um grafo sem ciclos é chamado de *acíclico*. Um ciclo em um grafo é um caminho que começa e termina no mesmo vértice, sem repetir nenhum vértice ou aresta. Portanto, um grafo acíclico é aquele em que não existem esses caminhos.

Grafos são amplamente aplicados em diversas áreas, incluindo ciência da computação, engenharia e matemática aplicada. Em particular, a teoria dos grafos é útil na modelagem de situações que envolvem relações entre objetos, como redes de computadores, sistemas de transporte e relações sociais.

A árvore de decisão é um tipo de grafo direcionado acíclico (*directed acyclic graph* – DAG). Isso significa que as árvores de decisão são modelos analíticos e visuais representados por DAGs, em que cada nó representa uma decisão e cada ramo, o resultado dessa decisão. Diferente de outras estruturas DAG, como as redes bayesianas, as árvores de decisão têm uma hierarquia clara e um único nó de partida, o que as torna uma ferramenta específica e valiosa para modelar processos de decisão sequenciais

Para ilustrar a estrutura de uma árvore de decisão, podemos considerar a analogia de uma árvore genealógica, em que cada ramificação detalha a descendência familiar. No entanto, ao contrário das árvores genealógicas, que representam relações de parentesco, as árvores de decisão são utilizadas para simular escolhas e suas possíveis consequências, guiando-nos por meio de uma série de decisões baseadas em condições ou atributos específicos.

Figura 1.2 – Árvore genealógica

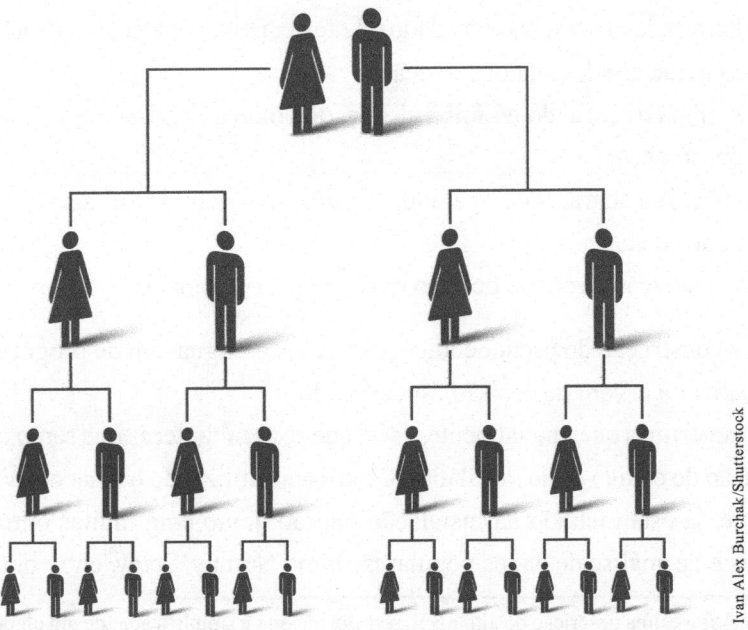

Aplicaremos o conceito de árvore de decisão no contexto da análise de dados. Para isso, utilizaremos o conjunto de dados Iris, amplamente reconhecido na área de aprendizado de máquina. Esse conjunto inclui 150 amostras de flores da espécie íris, categorizadas por quatro características (comprimento e largura das sépalas e das pétalas) e classificadas em uma de três espécies.

O pseudocódigo[5] a seguir delineia a estrutura lógica essencial para desenvolver uma árvore de decisão conceitual, utilizando o conjunto de dados Iris da biblioteca Sklearn. datasets. Após esboçarmos o processo com esse pseudocódigo, introduziremos o código Python equivalente para implementar o modelo proposto.

> Carregue o conjunto de dados Iris contendo características e rótulos das flores.
>
> Divida o conjunto de dados em duas partes:
>
> - Dados de treino (80%): para construir a árvore.
> - Dados de teste (20%): para avaliar o desempenho da árvore.
>
> Construa uma árvore de decisão usando os dados de treino:
>
> - Para cada característica, encontre o ponto de divisão que maximiza a pureza dos nós filhos.
> - Divida os dados de acordo com esse ponto.
> - Repita o processo em cada nó filho até atingir um critério de parada (por exemplo, profundidade máxima).
>
> Avalie a árvore de decisão usando os dados de teste:
>
> - Para cada observação nos dados de teste, percorra a árvore de acordo com as características da observação.
> - Atribua o rótulo do nó folha alcançado como a previsão para essa observação.
> - Calcule a acurácia comparando as previsões com os rótulos verdadeiros dos dados de teste.
> - Visualize a árvore de decisão em um grafo (opcional).

Após a construção do pseudocódigo, usaremos a linguagem de programação Python, para visualizar a árvore de decisão especificada.

Aqui, sugerimos que, inicialmente, verifique se as bibliotecas que serão utilizadas para a construção do código estão instaladas. Caso esteja utilizando o Anaconda[6], o Matplotlib, geralmente, já está incluído na instalação padrão, junto com muitas outras bibliotecas científicas e de análise de dados populares, como Numpy, Scipy, entre outras.

---

5 *Pseudocódigo* é uma descrição de alto nível, semiformatada e simplificada, de um algoritmo que utiliza convenções estruturais de linguagens de programação, mas em linguagem natural. Ele serve como um meio-termo entre a descrição escrita de um algoritmo e sua implementação em código de programação específico, ajudando a planejar e a comunicar a lógica de um algoritmo de forma clara e compreensível, sem a necessidade de seguir a sintaxe rigorosa de uma linguagem de programação.

6 O Anaconda é uma distribuição de Python que visa simplificar o gerenciamento de pacotes e implantação. Ele é projetado especificamente para ciência de dados e computação científica, fornecendo um conjunto abrangente de pacotes pré-instalados para esses fins.

Código Python: Visualizador de árvore de decisão para o conjunto de dados Íris

```
import matplotlib.pyplot as plt # Importa a biblioteca para geração de gráficos.
from sklearn import tree # Importa a funcionalidade de árvore de decisão da biblioteca scikit-learn.
from sklearn.datasets import load_iris # Importa a função para carregar o conjunto de dados Íris.
# Carrega o conjunto de dados Íris, que é um conjunto de dados clássico em aprendizado de máquina contendo informações sobre três tipos de flores de íris.
iris = load_iris()
X = iris.data # Atribui as características (medidas das flores) à variável X.
y = iris.target # Atribui as etiquetas (espécies das flores) à variável y.
# Cria um modelo de classificador de árvore de decisão, limitando sua profundidade máxima para evitar sobreajuste e facilitar a visualização.
clf = tree.DecisionTreeClassifier(max_depth=3) # A profundidade máxima é definida como 3.
clf = clf.fit(X, y) # Treina o modelo usando os dados e as etiquetas do conjunto de dados Íris.
# Prepara a visualização da árvore de decisão.
fig, ax = plt.subplots(figsize=(8, 8)) # Cria uma figura e um conjunto de subgráficos com tamanho 8x8 polegadas.
# Plota a árvore de decisão, preenchendo os nós com cores correspondentes às classes e ajustando o tamanho da fonte para melhor visualização.
tree.plot_tree(clf, filled=True, fontsize=10)
plt.show() # Exibe a figura contendo a árvore de decisão.
```

Esse código Python treina um modelo de árvore de decisão usando o conjunto de dados Iris e, em seguida, desenha a árvore de decisão resultante usando a função *plot_tree* do módulo *tree* do *scikit-learn*.

Importante!

No contexto da programação em Python, o uso de comentários é uma prática fundamental para a documentação do código. Inseridos com o caractere #, os comentários são completamente ignorados pelo interpretador Python durante a execução do programa,

> servindo exclusivamente para fornecer explicações, contextos e clarificações para os desenvolvedores. Essa prática não apenas facilita a compreensão e a manutenção do código, mas também promove uma melhor colaboração entre os membros da equipe de desenvolvimento. Comentários eficazes podem explicar o porquê por trás de um bloco de código específico, as razões para a escolha de uma determinada abordagem de implementação, ou simplesmente descrever o propósito e o funcionamento de funções e variáveis.

Ao executar o código, veremos uma imagem da árvore de decisão resultante, representada pela Figura 1.3.

Figura 1.3 – Árvore de decisão para o conjunto de dados Iris

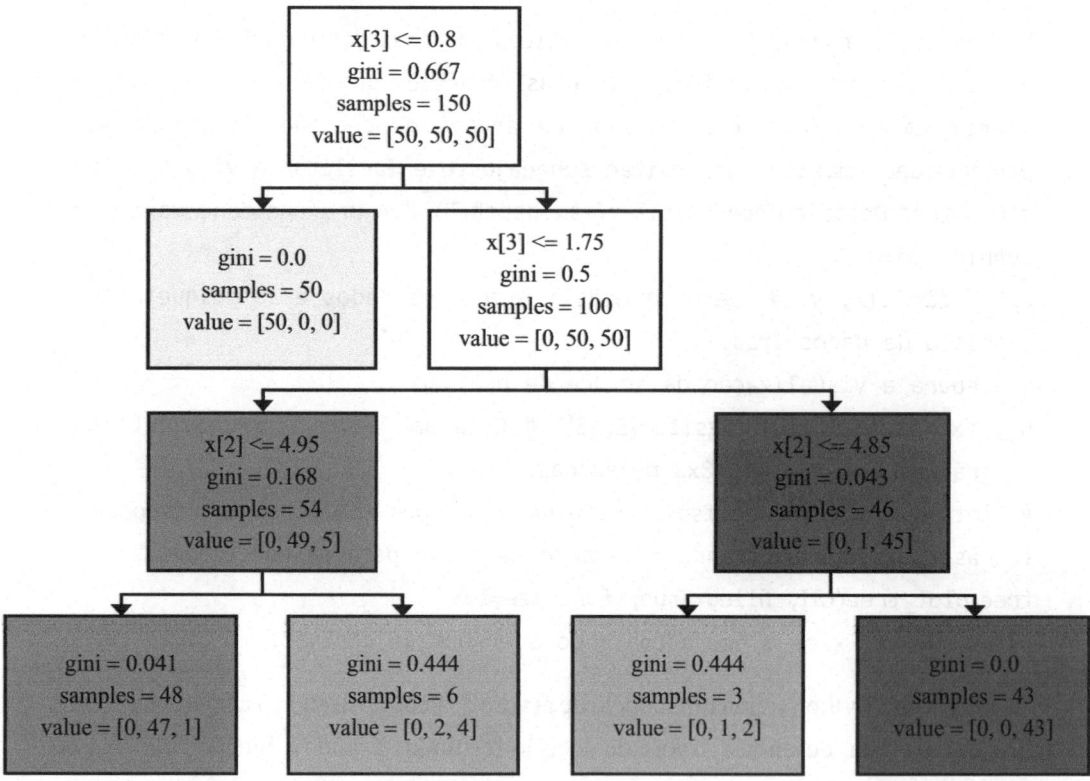

Cada nó dessa árvore representa uma decisão baseada em uma das características das flores (por exemplo, o comprimento da pétala é maior do que 2,45 centímetros?) e cada ramo representa o resultado dessa decisão (sim ou não). Os nós finais da árvore representam as classes previstas pelo modelo (no caso do conjunto de dados Íris, as espécies das flores).

É possível ajustar os parâmetros da função *plot_tree* para personalizar a aparência da árvore de decisão, como alterar o tamanho da figura, as cores dos nós e das arestas, o formato dos nós.

A utilidade desse tipo de representação deve-se à sua capacidade de identificar claramente todas as opções disponíveis e as consequências de cada escolha. Além disso, possibilita calcular o valor esperado de cada sequência de eventos, contribuindo para a determinação da opção mais vantajosa.

Em síntese, esse modelo matemático para tomada de decisão facilita a identificação de alternativas e possíveis consequências, avaliação do valor de cada opção e determinação da escolha mais vantajosa.

Ilustraremos a idealização e a montagem de uma árvore de decisão com mais uma situação. Imaginemos que estamos em um supermercado e desejamos escolher qual produto comprar entre três opções: maçã, laranja e banana. Nossa decisão será baseada em três fatores: o preço, a aparência e a nossa preferência pessoal.

Exemplificando 1.2

Para facilitar a escolha de qual fruta comprar, propomos a seguinte estrutura de árvore de decisão, ilustrada por meio de um pseudocódigo:

1. Avalie o Preço da Fruta:

    a) Se menor ou igual a R$ 1,00, prossiga para avaliar a aparência.

    b) Se maior do que R$ 1,00, também avalie a aparência.

2. Avalie a Aparência da Fruta:

    a) Se feia, a decisão é não comprar.

    b) Se bonita, considere sua preferência pessoal.

3. Baseado na Preferência Pessoal:

    a) Se maçã, decida comprar maçã.

    b) Se laranja, decida comprar laranja.

    c) Se banana, decida comprar banana.

Note que, nesse pseudocódigo, consideramos que, independentemente do preço, se a aparência da fruta for *feia*, a decisão é de não comprar. Caso a aparência seja *bonita*, a decisão será baseada na preferência pessoal. Essa situação é apenas um exemplo para ilustrar o conceito e a estrutura de uma árvore de decisão: as condições e as decisões podem ser diferentes de acordo com as necessidades e as circunstâncias do cenário real.

Figura 1.4 – Árvore de decisão

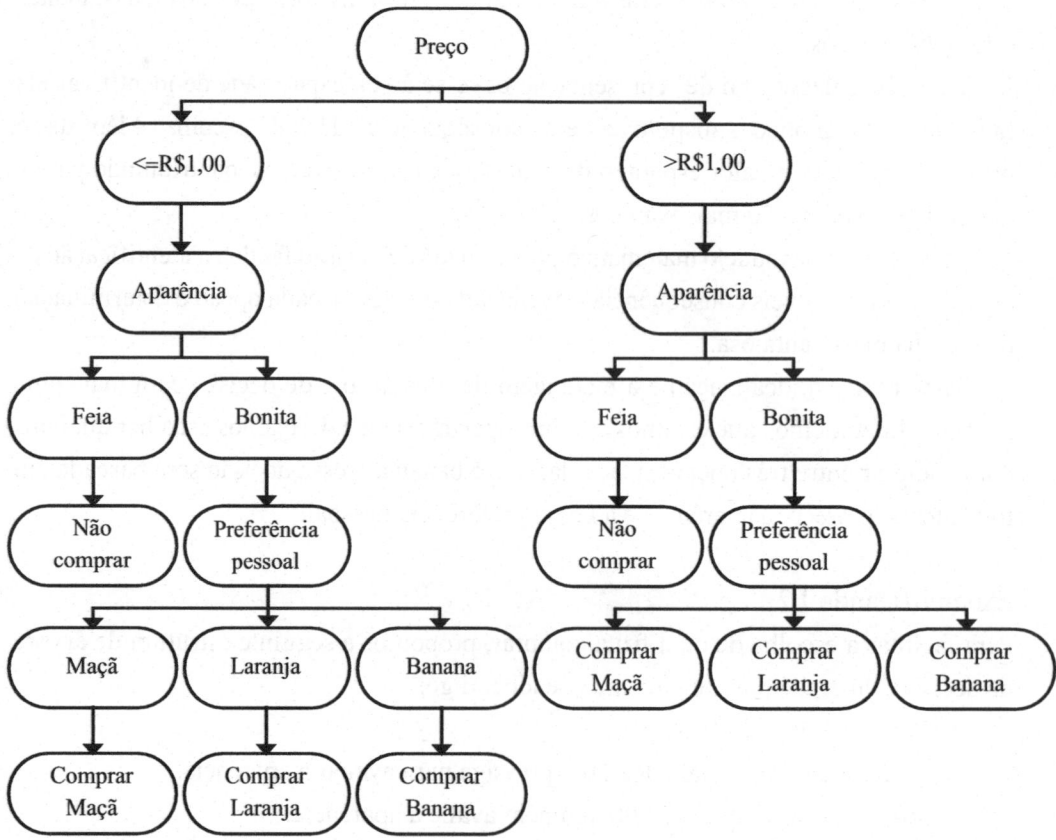

Podemos modelar essa árvore de decisão usando uma classe em Python, como vemos a seguir:

Código Python: Definição da classe DecisionNode

```
# Define a classe DecisionNode, que é usada para criar nós em uma árvore
de decisão.
class DecisionNode:
  def __init__(self, decision=None, branches=None, result=None):
    self.decision = decision # O critério de decisão deste nó (ex: "Preço").
    self.branches = branches # Um dicionário das possíveis ramificações a
partir deste nó, com cada ramo levando a outro DecisionNode.
    self.result = result # O resultado ou ação a ser tomada se este for
um nó folha (sem ramificações).
# Constrói uma árvore de decisão representando o processo de tomada de
decisão para comprar frutas.
decision_tree = DecisionNode(
```

```
    decision='Preço', # O primeiro critério de decisão é o preço.
    branches={ # Ramificações baseadas no preço da fruta.
      'Menor ou igual a R$1.00': DecisionNode( # Se o preço for menor ou igual a R$1.00, verifica a aparência.
        decision='Aparência',
        branches={
          'Feia': DecisionNode(result='Não comprar'), # Se a fruta for feia, a decisão é não comprar.
          'Bonita': DecisionNode( # Se a fruta for bonita, verifica a preferência pessoal.
            decision='Preferência pessoal',
            branches={ # Ramificações baseadas na preferência pessoal.
              'Maçã': DecisionNode(result='Comprar Maçã'), # Se a preferência for maçã, a decisão é comprar maçã.
              'Laranja': DecisionNode(result='Comprar Laranja'), # Se for laranja, comprar laranja.
              'Banana': DecisionNode(result='Comprar Banana') # Se for banana, comprar banana.
            }
          )
        }
      ),
      'Maior que R$1.00': DecisionNode( # Se o preço for maior que R$1.00, segue o mesmo processo de decisão baseado na aparência e preferência.
        decision='Aparência',
        branches={
          'Feia': DecisionNode(result='Não comprar'),
          'Bonita': DecisionNode(
            decision='Preferência pessoal',
            branches={
              'Maçã': DecisionNode(result='Comprar Maçã'),
              'Laranja': DecisionNode(result='Comprar Laranja'),
              'Banana': DecisionNode(result='Comprar Banana')
            }
          )
        }
      )
    }
)
```

Depois de definir a árvore, podemos usá-la para fazer uma decisão com base em uma série de condições. A seguir, está uma função que percorre a árvore de decisão com base nas decisões tomadas:

Código Python: Função para navegar pela árvore de decisão

```python
def make_decision(node, decisions):
    # Se o nó atual é um nó de resultado, retorne o resultado
    if node.result is not None:
        return node.result
    # Senão, pegue a próxima decisão
    decision = decisions[node.decision]
    # Encontre o próximo nó na árvore de decisão
    next_node = node.branches[decision]
    # Continue tomando decisões até chegar a um nó de resultado
    return make_decision(next_node, decisions)
# Exemplo de uso
decisions = {'Preço': 'Menor ou igual a R$1.00', 'Aparência': 'Bonita', 'Preferência pessoal': 'Maçã'}
print(make_decision(decision_tree, decisions)) # Outputs 'Comprar Maçã'
```

Nesse exemplo, *decisions* é um dicionário que contém as decisões que tomamos. A função *make_decision* usa essas decisões para percorrer a árvore de decisão até encontrar um nó de resultado, e então retorna esse resultado.

Para obter o resultado de uma decisão, chamaríamos a função *make_decision* com a árvore de decisão e as decisões que tomamos. Por exemplo, se quiséssemos saber o resultado para um produto com preço menor ou igual a R$ 1,00, com aparência bonita e sendo que nossa preferência pessoal é a maçã, chamaríamos a função assim:

Código Python: Exemplo de uso da árvore de decisão

```python
decisions = {'Preço': 'Menor ou igual a R$ 1.00', 'Aparência': 'Bonita', 'Preferência pessoal': 'Maçã'}
print(make_decision(decision_tree, decisions)) # Outputs 'Comprar Maçã'
```

Essa chamada para a função *make_decision* percorre a árvore de decisão usando as decisões no dicionário *decisions* e imprime o resultado. Nesse caso, o resultado é '*Comprar Maçã*' porque todas as condições para comprar uma maçã são satisfeitas.

Como vimos, as árvores de decisão oferecem uma visualização clara e concisa das possíveis opções e consequências, permitindo que os tomadores de decisão compreendam as implicações de suas escolhas. Por meio da identificação e da avaliação sistemática de diferentes alternativas e resultados, as árvores de decisão auxiliam na seleção da opção mais vantajosa.

No mundo da ciência da computação e do aprendizado de máquina, as árvores de decisão são utilizadas frequentemente para classificação e regressão. No primeiro caso, é usada para categorizar uma entrada em uma das classes predefinidas, por exemplo, determinar se um *e-mail* é *spam* ou não é *spam*. No segundo caso, é usada para prever um valor contínuo, por exemplo, prever o preço de uma casa com base em características como área, número de quartos etc.

A capacidade de lidar com dados não lineares e categóricos, a facilidade de interpretação e a robustez em face de *outliers*[7] são algumas das vantagens que tornam as árvores de decisão uma escolha popular.

No exemplo do supermercado, apresentamos uma implementação simples de uma árvore de decisão em Python, destacando a ideia básica por trás desse conceito. No entanto, vale ressaltar que, em casos reais e mais complexos, o mais adequado é a utilização de bibliotecas especializadas de aprendizado de máquina, como o *scikit-learn*, que oferece funções avançadas e otimizadas para o trabalho com árvores de decisão.

Para compreender bem o que vimos até aqui, vamos propor um exercício de criação de uma árvore de decisão.

Exercício resolvido 1.1

Imaginemos que uma corporação de telecomunicações está no processo de decidir qual é o plano de assinatura ideal para apresentar aos seus clientes. Eles têm à disposição três planos distintos: plano A, plano B e plano C, cada um com suas próprias peculiaridades em termos de custos e vantagens. O objetivo final da empresa é selecionar o plano que seja capaz de maximizar sua receita.

Para dar suporte a essa decisão, a empresa opta por fazer uma experiência com o intuito de coletar dados sobre o comportamento dos clientes em relação a cada um dos diferentes planos. Uma amostra aleatória de clientes é selecionada e é ofertado a eles um período experimental gratuito para cada um dos planos. Ao longo desse período, a empresa coleta informações valiosas, como a quantidade de minutos em chamadas efetuadas, o volume de mensagens de texto enviadas e a quantidade de dados móveis utilizados por cada cliente.

---

7 *Outliers* são observações em um conjunto de dados que se desviam significativamente das outras observações.

Com base nos dados coletados, a empresa tem a capacidade de criar uma árvore de decisão que poderá orientá-la na escolha do plano mais adequado. Imaginemos que a árvore de decisão adotada pela empresa tenha a estrutura apresentada na figura a seguir.

Figura 1.5 – Planos e possibilidades

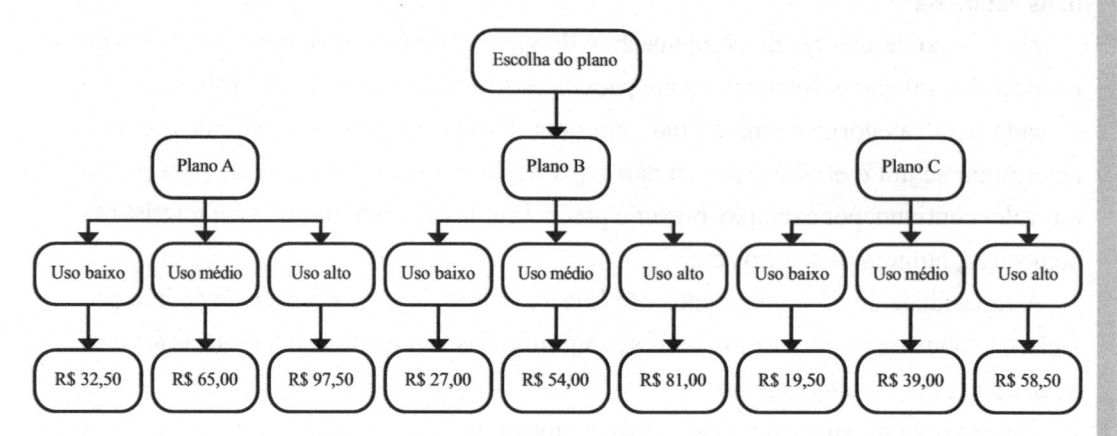

```
                         Escolha do plano
                                │
        ┌───────────────────────┼───────────────────────┐
      Plano A                 Plano B                 Plano C
     ┌──┼──┐                 ┌──┼──┐                 ┌──┼──┐
   Uso  Uso  Uso           Uso  Uso  Uso           Uso  Uso  Uso
  baixo méd  alto         baixo méd  alto         baixo méd  alto
    │    │    │             │    │    │             │    │    │
  R$   R$   R$            R$   R$   R$            R$   R$   R$
 32,50 65,00 97,50       27,00 54,00 81,00       19,50 39,00 58,50
```

Na árvore de decisão, cada ponto de decisão é representado por um "nó", que, no caso inicial, corresponde à escolha entre três planos de assinatura: Plano A, Plano B e Plano C. De cada nó partem "ramos" ou "arestas", que simbolizam as escolhas ou ações possíveis a partir daquele ponto. Cada ramo leva a um novo nó, representando um novo ponto de decisão ou um resultado. Neste caso, os ramos que saem dos nós iniciais de cada plano se dividem em três novos nós, representando os níveis de uso: baixo, médio e alto. O "nó" final de cada ramificação exibe a receita esperada para a combinação específica de plano e nível de uso.

Por exemplo, no Plano A, os ramos indicam receitas esperadas de R$ 32,50 para uso baixo, R$ 65,00 para uso médio e R$ 97,50 para uso alto, respectivamente. De maneira análoga, os nós finais dos ramos do Plano B mostram receitas de R$ 27,00 para uso baixo, R$ 54,00 para uso médio e R$ 81,00 para uso alto. Para o Plano C, as receitas nos nós finais são de R$ 19,50, R$ 39,00 e R$ 58,50 para os usos baixo, médio e alto, respectivamente. Essa estrutura de nós e ramos permite à empresa visualizar as possíveis trajetórias de decisão e seus resultados em termos de receita esperada, facilitando a escolha do plano mais vantajoso.

Cada um desses planos tem três desdobramentos, representando as possíveis utilizações de minutos, mensagens e dados: baixo, médio e alto, como podemos ver na Figura 1.6, a seguir, com enfoque para o Plano B.

Figura 1.6 – Planos e possibilidades

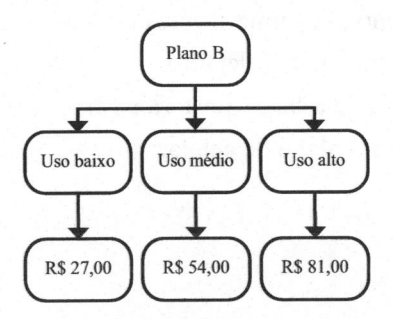

```
                    Plano B
            ┌─────────┼─────────┐
        Uso baixo  Uso médio  Uso alto
            │          │          │
        R$ 27,00   R$ 54,00   R$ 81,00
```

Em cada desdobramento, existe um valor que indica a receita esperada para aquela combinação específica de plano e uso, conforme Figura 1.7, a seguir.

Figura 1.7 – Planos e possibilidades

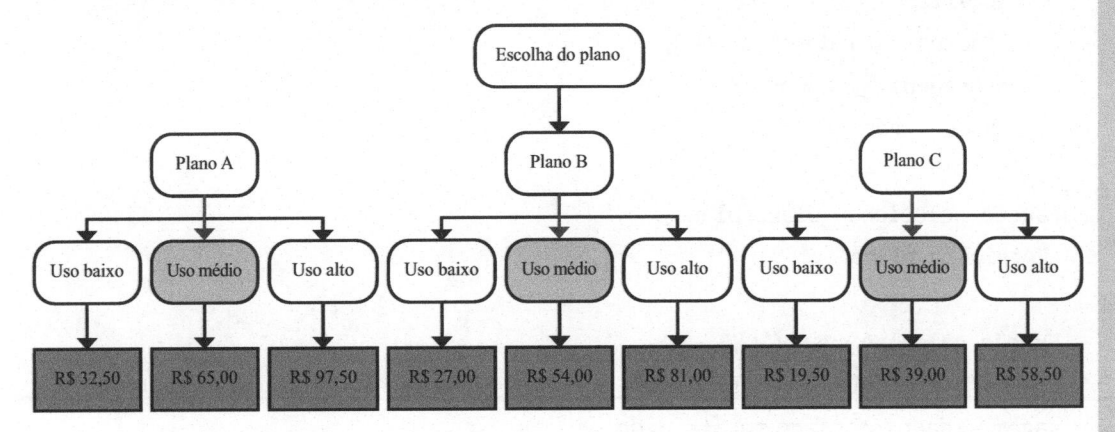

```
                         Escolha do plano
        ┌───────────────────┼───────────────────┐
     Plano A             Plano B             Plano C
   ┌───┼───┐          ┌────┼────┐         ┌────┼────┐
 baixo médio alto   baixo médio alto    baixo médio alto
  │    │    │        │     │    │        │     │    │
R$32,50 R$65,00 R$97,50  R$27,00 R$54,00 R$81,00  R$19,50 R$39,00 R$58,50
```

- Plano A: (500 * 0,10) + (200 * 0,05) + (1 * 10) = 65
- Plano B: (500 * 0,08) + (200 * 0,02) + (1 * 12) = 54
- Plano C: (500 * 0,06) + (200 * 0,01) + (1 * 15) = 39

Nesse cenário, a árvore de decisão revela que o Plano A oferece a maior receita esperada, sugerindo que esse plano poderia ser a escolha mais vantajosa para a empresa. Nessa árvore, cada nó simboliza uma decisão que pode ser tomada por um cliente (a escolha de um plano) e cada desdobramento representa uma possível consequência dessa decisão (a utilização de uma quantidade específica de minutos, mensagens e dados). Nos nós finais de cada ramificação, encontram-se os valores que fornecem uma estimativa da receita esperada pela empresa, caso o cliente opte pelo plano em questão e apresente o comportamento de uso indicado.

Por exemplo, se a empresa espera que a maioria dos clientes utilize em torno de 500 minutos, envie 200 mensagens e use 1 GB de dados, o valor esperado para cada plano seria: de oferecer esse plano aos seus clientes.

Essa é uma ilustração simplificada, mas serve para demonstrar como a tomada de decisão pode ser potencializada com a união de experimentação e uma árvore de decisão, auxiliando uma empresa a fazer uma escolha embasada em dados coletados.

Agora, vamos pensar em um pseudocódigo que nos ajude a fazer, posteriormente, a implementação em Python. Este é o pseudocódigo estrutura plano de celular:

```
Importar random

Classe Plano:
  Inicializar(nome, tarifa_minuto, tarifa_mensagem, tarifa_dado):
    Atribuir nome, tarifa_minuto, tarifa_mensagem, tarifa_dado

Classe Cliente:
  Inicializar():
    minutos = random(400, 600)
    mensagens = random(150, 250)
    dados = random(0, 2)

Função selecionar_plano(plano):
  Atribuir plano

Função calcular_custo():
  Retornar minutos * plano.tarifa_minuto + mensagens * plano.tarifa_mensagem + dados * plano.tarifa_dado

planoA = novo Plano('A', 0.10, 0.05, 10)
planoB = novo Plano('B', 0.08, 0.02, 12)
planoC = novo Plano('C', 0.06, 0.01, 15)

clientes = lista de 1000 novos Clientes

planos = [planoA, planoB, planoC]

melhor_plano = NULL
maior_receita = 0

Para cada plano em planos:
  receita = 0
```

```
  Para cada cliente em clientes:
    cliente.selecionar_plano(plano)
    receita += cliente.calcular_custo()

  Se receita > maior_receita:
    maior_receita = receita
    melhor_plano = plano
Imprimir('O melhor plano é o plano ' + melhor_plano.nome + ' com uma
receita esperada de ' + maior_receita)
```

Para simular essa situação usando a linguagem de programação Python, seguiremos a estrutura apresentada no código "Simulador de Receita de Planos de Telecomunicação".

Devemos notar que é possível criar uma classe *Plano*, representando cada plano, com atributos para o custo e as receitas previstas para cada possível uso de minutos, mensagens e dados. Da mesma forma, poderíamos criar uma classe *Cliente* para simbolizar cada cliente, com métodos para selecionar um plano e simular o uso de minutos, mensagens e dados. Finalmente, poderíamos construir uma função que simule uma amostra de clientes, calcule a receita esperada para cada plano baseado nos dados recolhidos e determine o plano mais vantajoso.

A seguir, ilustramos uma possível implementação em Python. Ressaltamos que este é um exemplo simplificado e pode precisar de alterações com base nos detalhes reais de sua situação.

Código Python: Simulador de receita de planos de telecomunicação

```python
import random # Importa o módulo random para gerar números aleatórios.

# Define a classe Plano, que representa um plano de telefonia com tarifas
específicas para minutos, mensagens e dados.
class Plano:
  def __init__(self, nome, tarifa_minuto, tarifa_mensagem, tarifa_dado):
    self.nome = nome # Nome do plano.
    self.tarifa_minuto = tarifa_minuto # Tarifa por minuto de chamada.
    self.tarifa_mensagem = tarifa_mensagem # Tarifa por mensagem enviada.
    self.tarifa_dado = tarifa_dado # Tarifa por GB de dados utilizados.
```

```python
# Define a classe Cliente, que simula o uso de telefonia de um cliente.
class Cliente:
    def __init__(self):
        # Gera aleatoriamente a quantidade de minutos, mensagens e GB de dados usados pelo cliente.
        self.minutos = random.randint(400, 600)
        self.mensagens = random.randint(150, 250)
        self.dados = random.randint(0, 2)

    # Método para selecionar um plano para o cliente.
    def selecionar_plano(self, plano):
        self.plano = plano
    # Método para calcular o custo mensal do cliente com base no plano selecionado.
    def calcular_custo(self):
        return (self.minutos * self.plano.tarifa_minuto +
            self.mensagens * self.plano.tarifa_mensagem +
            self.dados * self.plano.tarifa_dado)

# Cria instâncias dos planos com diferentes tarifas.
planoA = Plano('A', 0.10, 0.05, 10)
planoB = Plano('B', 0.08, 0.02, 12)
planoC = Plano('C', 0.06, 0.01, 15)

# Simula uma amostra de 1000 clientes.
clientes = [Cliente() for _ in range(1000)]

# Lista contendo os planos disponíveis.
planos = [planoA, planoB, planoC]

# Variáveis para acompanhar o melhor plano e a maior receita.
melhor_plano = None
maior_receita = 0

# Avalia cada plano calculando a receita total esperada com base no uso dos clientes.
for plano in planos:
    receita = 0
```

```
   for cliente in clientes:
      cliente.selecionar_plano(plano) # Atribui o plano atual ao cliente.
      receita += cliente.calcular_custo() # Soma o custo do cliente à
receita total.
   # Atualiza o melhor plano e a maior receita se a receita atual for a
maior até agora.
   if receita > maior_receita:
      maior_receita = receita
      melhor_plano = plano

# Imprime o resultado do plano com maior receita esperada.
print(f'O melhor plano é o plano {melhor_plano.nome} com uma receita
esperada de {maior_receita}.')
```

Nesse *script*, nós temos duas classes: plano e cliente. A classe *plano* define as tarifas por minuto, por mensagem e por dado para cada plano. A classe *cliente* simula um cliente aleatório e pode calcular o custo do plano que ele selecionou.

Depois de definir as classes, simulamos uma amostra de mil clientes e calculamos a receita esperada para cada plano. Finalmente, escolhemos o plano que fornece a maior receita.

Para saber mais

Na obra *Introdução à pesquisa operacional: métodos e modelos para análise de decisão*, o autor Eduardo Leopoldino Andrade aborda os conceitos fundamentais e as técnicas de pesquisa operacional, incluindo simulação de eventos discretos, programação linear e análise de decisão. É uma referência valiosa para entender como aplicar esses métodos em problemas práticos de tomada de decisão.

ANDRADE, E. L. **Introdução à pesquisa operacional**: métodos e modelos para
    análise de decisões. 2. ed. Rio de Janeiro: LTC, 2002.

Síntese

Vimos, neste capítulo, que a tomada de decisão é um processo inerente a qualquer organização. Para tomar decisões informadas, é necessário entender as opções disponíveis e seus impactos potenciais. Uma das abordagens para entendermos esses impactos, como vimos, é a simulação de eventos discretos.

Como explicamos, *eventos discretos* referem-se a eventos que ocorrem em momentos específicos no tempo e sua simulação é uma abordagem que permite modelar esses eventos e seus impactos em um sistema, possibilitando avaliar diferentes estratégias e decisões.

Existem duas abordagens para a tomada de decisão: 1) sem experimentação e 2) com experimentação. Na abordagem sem experimentação, as decisões são tomadas com base em suposições ou dados históricos; já na abordagem com experimentação, um modelo de simulação é criado para testar diferentes decisões e suas consequências.

Uma ferramenta comum para representar decisões é a árvore de decisão, um grafo que ilustra possíveis opções e resultados de cada escolha. Isso pode ajudar a identificar a melhor opção de decisão em diferentes cenários.

Assim, a simulação de eventos discretos permite avaliar estratégias na tomada de decisões informadas em diferentes ambientes. Com ela, é possível testar diferentes opções e avaliar seus resultados antes de implementá-las, minimizando os riscos e aumentando a eficiência.

QUESTÕES PARA REVISÃO

1) O que é tomada de decisão?

2) O que são eventos discretos e simulação de eventos discretos?

3) Assinale a alternativa que indica a definição correta de *tomada de decisão sem experimentação*:

   a. Um processo de avaliação de resultados.
   b. Um processo de escolha entre alternativas baseado em dados históricos.
   c. Um processo de experimentação em ambiente controlado.
   d. Um processo de coleta de dados.
   e. Um processo de análise de riscos associados a cada alternativa.

4) Assinale a alternativa que indica a definição correta de *tomada de decisão com experimentação*:

   a. Um processo de escolha entre alternativas baseado em dados históricos.
   b. Um processo de experimentação em ambiente controlado.
   c. Um processo de coleta de dados.
   d. Um processo de avaliação de resultados.
   e. Um processo de validação de hipóteses através de testes práticos.

5) Assinale a alternativa que indica a definição correta de *árvore de decisão*:

   a. Uma representação gráfica de possíveis eventos e seus resultados.
   b. Um conjunto de dados organizados em forma de árvore.
   c. Um modelo estatístico para prever resultados futuros.
   d. Um processo de escolha entre alternativas baseado em dados históricos.
   e. Uma ferramenta para visualizar a sequência de ações e as possíveis consequências de cada decisão.

Questões para reflexão

1) A simulação de eventos discretos se compara a outras técnicas de modelagem, como a modelagem estatística?

2) Quais são os principais desafios que podem surgir ao se criar um modelo de simulação?

3) Como lidar com a incerteza nos dados de entrada e garantir que o modelo reflita com precisão o sistema real?

4) Faça uma descrição de como os resultados da simulação podem ser analisados e interpretados, incluindo a importância da validação do modelo.

Conteúdos do capítulo:
- Aleatoriedade em sistemas por meio de cadeias de Markov.
- Dinâmica de probabilidades no tempo.
- Análise de longo prazo em sistemas aleatórios.
- Otimização sequencial em ambientes incertos.

Após o estudo deste capítulo, você será capaz de:
1. utilizar Python e suas bibliotecas para exemplificar e aplicar os conceitos teóricos de processos estocásticos e cadeias de Markov;
2. entender o funcionamento e a utilidade das cadeias de Markov na modelagem de sistemas e na simulação de eventos discretos;
3. aplicar as equações de Chapman-Kolmogorov para determinar as probabilidades de transição em cadeias de Markov;
4. classificar os estados em cadeias de Markov e entender suas implicações no comportamento dos modelos estocásticos;
5. aprender a aplicar modelos de decisão markovianos para otimizar a tomada de decisão.

2
Processos estocásticos

2.1 Cadeias de Markov

No estudo de sistemas que evoluem ao longo do tempo, muitas vezes nos deparamos com fenômenos cujo comportamento futuro é incerto, embora possam ser influenciados por leis probabilísticas. Esses fenômenos são conhecidos como *processos estocásticos* e constituem fundamento essencial da teoria da probabilidade e da estatística aplicada.

> **O QUE É**
>
> Definição: um processo estocástico é uma coleção de variáveis aleatórias ordenadas, geralmente indexadas no tempo, que representam a evolução de um sistema sujeito a incertezas.

Compreender esses processos é crucial para modelar e prever a dinâmica de sistemas em áreas como finanças, física, biologia e engenharia, nas quais o acaso e a incerteza desempenham papéis fundamentais.

As cadeias de Markov são uma classe de processos estocásticos que possuem a propriedade de Markov, ou seja, a probabilidade de transição para estados futuros depende apenas do estado atual, e não do histórico de estados anteriores (Ross, 2006). Essa propriedade simplifica a análise e a modelagem de sistemas com incertezas, tornando as cadeias de Markov uma ferramenta amplamente utilizada em várias áreas, como economia, biologia, engenharia, ciência da computação, entre outras (Hillier; Lieberman, 2006).

> **O QUE É**
>
> Definição: uma cadeia de Markov é um conjunto finito ou contável de estados e uma matriz de probabilidades de transição que descreve as probabilidades de transição entre esses estados (Law; Kelton, 1999). Elas podem ser classificadas como *discretas* ou *contínuas* no tempo, dependendo do tempo entre as transições de estado (Taha, 2016).

Andrei Andreyevich Markov (1856-1922) foi um matemático russo que fez contribuições significativas para a teoria das probabilidades, estatísticas e análise matemática. Ele é mais conhecido por suas pesquisas sobre processos estocásticos e pela introdução das cadeias de Markov (Ross, 2006).

Figura 2.1 – Andrei Markov

Nascido em uma família de médicos em Ryazan, Rússia, Markov estudou na Universidade Estatal de São Petersburgo, onde se formou em 1878. Mais tarde, tornou-se professor na mesma universidade, onde lecionou até sua aposentadoria, em 1917.

As cadeias de Markov foram introduzidas pelo matemático no início do século XX. Ele começou a estudar sequências de eventos dependentes uns dos outros em contraste com eventos independentes, que eram o foco principal da teoria das probabilidades na época (Taha, 2016).

Markov buscava entender a estrutura das sequências de eventos em que a probabilidade de um evento ocorrer dependia apenas do evento imediatamente anterior. Isso levou ao desenvolvimento de modelos matemáticos usados para descrever processos estocásticos com essa propriedade de dependência, denominados, posteriormente, de *cadeias de Markov* (Ross, 2006).

Para o estudo das cadeias de Markov, utilizamos as equações de Chapman-Kolmogorov, uma ferramenta fundamental que expressa a probabilidade de transição entre estados em termos de probabilidades de transição em etapas intermediárias (Andrade, 2002).

Essas equações permitem quantificar a probabilidade de alcançar um determinado estado após várias transições, simplificando, assim, a análise de sistemas que evoluem em um ambiente de incerteza (Arenales et al., 2007).

A classificação dos estados de uma cadeia de Markov é uma etapa importante para entendermos as propriedades e o comportamento dos estados dentro do processo estocástico. Os estados podem ser classificados como recorrentes, transientes, periódicos ou ergódicos (Hillier; Lieberman, 2006).

- **Estados recorrentes**: São aqueles para os quais a probabilidade de retornar ao mesmo estado, eventualmente, é igual a um. Isso indica que, uma vez atingido, o processo retornará a esse estado infinitas vezes.
- **Estados transientes**: Diferentemente dos recorrentes, um estado transiente tem uma probabilidade menor do que um de ser revisitado. Isso significa que, ao longo do tempo, é provável que o processo deixe esse estado e não retorne mais.
- **Estados periódicos**: Um estado é considerado periódico se o retorno a ele ocorre em múltiplos de um determinado período maior do que um. Essa característica implica uma regularidade na revisitação do estado, mas apenas em intervalos específicos.
- **Estados ergódicos**: São estados recorrentes que não são periódicos, ou seja, a probabilidade de retorno a esse estado não depende de um período fixo. Em termos práticos, um estado ergódico assegura que o processo estocástico eventualmente se estabilize nesse estado, independentemente do estado inicial.

Uma extensão das cadeias de Markov são os modelos de decisão markovianos, que incorporam decisões em cada estado do processo estocástico, permitindo a otimização das decisões ao longo do tempo (Prado, 2004). Esses modelos são particularmente úteis em situações em que é necessário tomar decisões sequenciais em ambientes incertos, como planejamento de recursos, gerenciamento de projetos e análise de políticas (Ross, 2006).

Matematicamente, as cadeias de Markov são representadas por um conjunto de estados e uma matriz de probabilidades de transição.

1. **Conjunto de estados**: Uma cadeia de Markov contém um conjunto finito ou contável de estados, denotados por $S=\{s_1,s_2,s_3,\ldots,s_n\}$. Os estados podem representar diferentes condições ou situações em um sistema estocástico. Por exemplo, em um modelo epidemiológico, podemos ter três estados (SIR):
Estados: $\{S, I, R\}$
Interpretação: S representa indivíduos suscetíveis que podem ser infectados, I representa indivíduos infectados que podem transmitir a doença e R representa indivíduos recuperados que são imunes à doença.

2. Matriz de probabilidades de transição: A matriz de probabilidades de transição, denotada por P, é uma matriz quadrada de ordem *n* (número de estados) que descreve as probabilidades de transição entre os estados da cadeia de Markov. Cada elemento p_{ij} da matriz P representa a probabilidade de transição do estado s_i para o estado s_j.

A matriz P deve satisfazer as seguintes condições:

a) Os elementos da matriz são não negativos: $p_{ij} > 0$, para todos os *i*, *j*.

b) A soma das probabilidades de transição em cada linha é igual a 1, ou seja, $\sum (p_{ij}) = 1$ para todo *i*, em que a soma é feita sobre todos os valores de *j*.

A representação matricial das cadeias de Markov é compacta e facilita a análise e a computação de propriedades, como probabilidades de estado estacionário e tempos de primeira passagem.

A matriz P pode ser usada para calcular a probabilidade de transição em múltiplos passos. Por exemplo, para calcular a probabilidade de transição em *k* passos, basta elevar a matriz de transição P à potência *k*, resultando em P^k. Os elementos da matriz resultante representam as probabilidades de transição em *k* passos.

Vamos a um exemplo da aplicação de uma cadeia de Markov.

Exemplificando 2.1

Suponha que temos um sistema de clima simplificado com apenas dois estados: ensolarado (E) e chuvoso (C). O clima de amanhã depende apenas do clima de hoje. As probabilidades de transição são as seguintes:

- Probabilidade de continuar ensolarado após um dia ensolarado: $p(E|E) = 0,8$
- Probabilidade de mudar para chuvoso após um dia ensolarado: $p(C|E) = 0,2$
- Probabilidade de continuar chuvoso após um dia chuvoso: $p(C|C) = 0,6$
- Probabilidade de mudar para ensolarado após um dia chuvoso: $p(E|C) = 0,4$

Nesse caso, o conjunto de estados é $S = \{E,C\}$. A matriz de probabilidades de transição P é:

$$P = \begin{bmatrix} 0,8 & 0,2 \\ 0,4 & 0,6 \end{bmatrix}$$

Agora, podemos fazer algumas análises matemáticas nessa cadeia de Markov. Por exemplo, podemos calcular a probabilidade de transição em dois dias usando a matriz de transição P^2:

$$P^2 = \begin{bmatrix} 0,8 & 0,2 \\ 0,4 & 0,6 \end{bmatrix}^2 = \begin{bmatrix} 0,72 & 0,28 \\ 0,56 & 0,44 \end{bmatrix}$$

Isso nos mostra que, se hoje for ensolarado, a probabilidade de ser ensolarado daqui a dois dias é de 0,72 e a probabilidade de ser chuvoso daqui a dois dias é de 0,28. Se hoje for chuvoso, a probabilidade de ser ensolarado daqui a dois dias é 0,44 e a probabilidade de ser chuvoso daqui a dois dias é 0,56.

Além disso, podemos calcular as probabilidades de estado estacionário dessa cadeia de Markov. As probabilidades de estado estacionário são as probabilidades de cada estado em longo prazo, independentemente do estado inicial. Para encontrar as probabilidades de estado estacionário π, podemos resolver o sistema de equações lineares $\pi P = \pi$, em que π é um vetor linha $(\pi E, \pi C)$ e a soma de seus elementos é igual a 1.

Nesse exemplo, as equações são:

$$\begin{cases} 0{,}8\pi E + 0{,}4\pi C = \pi E \\ 0{,}2\pi E + 0{,}6\pi C = \pi C \\ \pi E + \pi C = 1 \end{cases}$$

Resolvendo esse sistema de equações, obtemos as probabilidades de estado estacionário: $\pi E = 2/3 \approx 0.67$ e $\pi C = 1/3 \approx 0.33$. Isso significa que, em longo prazo, a proporção de dias ensolarados e chuvosos é de, aproximadamente, 2:1.

Antes de construirmos nosso código em Python que implementará essa situação, vamos organizar as informações de modo que possamos compreender o algoritmo por traz da implementação.

Pseudocódigo: Estrutura plano de celular

1. Definir o conjunto de estados S = {E, C}.
2. Definir a matriz de probabilidades de transição P:
   P = [[0.8, 0.2],
   [0.4, 0.6]]
3. Calcular a matriz de transição em dois dias (P^2) utilizando a multiplicação de matrizes.
4. Encontrar as probabilidades de estado estacionário π resolvendo o sistema de equações lineares associado à matriz P:
   a) obter os autovetores e autovalores de P.T;
   b) encontrar o autovetor correspondente ao autovalor 1;
   c) normalizar o autovetor para que a soma de seus elementos seja igual a 1.
5. Criar um gráfico direcionado para visualizar a cadeia de Markov com os estados e as probabilidades de transição:
   a) adicionar os nós E e C;
   b) adicionar as arestas com os pesos correspondentes às probabilidades de transição;
   c) desenhar o gráfico com os rótulos e pesos das arestas.

6. Criar um gráfico de barras para visualizar as probabilidades de estado estacionário:
   a) utilizar os estados E e C como rótulos do eixo x;
   b) utilizar as probabilidades de estado estacionário como valores do eixo y;
   c) desenhar o gráfico com rótulos e títulos apropriados.
7. Exibir ou salvar os gráficos.

Agora, segue o código:

Código Python: Análise de transição e estado estacionário em cadeira de Markov

```python
import numpy as np
import matplotlib.pyplot as plt
import networkx as nx
# Definindo a matriz de transição
P = np.array([[0.8, 0.2],
     [0.4, 0.6]])
# Calculando P^2
P2 = np.linalg.matrix_power(P, 2)
# Encontrando as probabilidades de estado estacionário
eigvals, eigvecs = np.linalg.eig(P.T)
stationary_vec = eigvecs[:, np.isclose(eigvals, 1)].real
stationary_vec /= np.sum(stationary_vec)
# Criando um gráfico da cadeia de Markov
G = nx.DiGraph()
G.add_nodes_from(["E", "C"])
G.add_edges_from([("E", "E", {'weight': 0.8}),
     ("E", "C", {'weight': 0.2}),
     ("C", "C", {'weight': 0.6}),
     ("C", "E", {'weight': 0.4})])
pos = nx.spring_layout(G, seed=42)
nx.draw(G, pos, with_labels=True, node_size=4000, node_color='lightblue', font_size=20, font_weight='bold')
labels = nx.get_edge_attributes(G, 'weight')
nx.draw_networkx_edge_labels(G, pos, edge_labels=labels, font_size=20, font_weight='bold')
plt.title("Cadeia de Markov do Clima Simplificado", fontsize=24, fontweight='bold')
```

```
plt.savefig("cadeia_markov.svg", format="svg") # Salvar o gráfico em formato SVG
plt.show()
# Criando um gráfico de barras das probabilidades de estado estacionário
states = ["E", "C"]
plt.bar(states, stationary_vec.ravel(), color='orange')
plt.xlabel("Estados", fontsize=16, fontweight='bold')
plt.ylabel("Probabilidade", fontsize=16, fontweight='bold')
plt.title("Probabilidades de Estado Estacionário", fontsize=20, fontweight='bold')
plt.xticks(fontsize=14)
plt.yticks(fontsize=14)
plt.savefig("probabilidades_estado_estacionario.svg", format="svg") # Salvar o gráfico em formato SVG
plt.show()
```

Esse código define a matriz de transição P, calcula P² e encontra as probabilidades de estado estacionário usando a função *numpy.linalg.eig* para obter os autovalores e autovetores da matriz P transposta. Em seguida, ele cria um gráfico direcionado da cadeia de Markov usando a biblioteca NetworkX e desenha o gráfico com rótulos de estado e pesos de borda usando a biblioteca Matplotlib.

Ao executar esse código, veremos um gráfico da cadeia de Markov com os estados E (ensolarado) e C (chuvoso) e as probabilidades de transição entre eles.

Figura 2.2 – Cadeia de Markov do clima simplificado

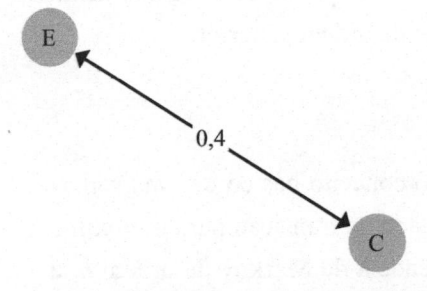

Além disso, o exemplo também inclui o cálculo das probabilidades de estado estacionário.

O gráfico de barras mostra as probabilidades de estado estacionário para os estados E (ensolarado) e C (chuvoso). Por meio dele, conseguimos visualizar a proporção de dias ensolarados e chuvosos em longo prazo.

Gráfico 2.1 – Probabilidades de estado estacionário

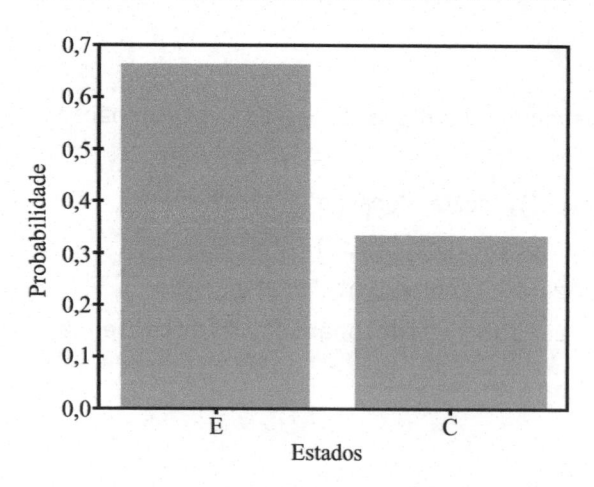

[Gráfico de barras: Estado E ≈ 0,67; Estado C ≈ 0,33. Eixo Y: Probabilidade (0,0 a 0,7); Eixo X: Estados]

A propriedade de Markov, também conhecida como *memória sem memória* ou *propriedade de Markov de primeira ordem*, afirma que a probabilidade de um sistema transitar para um estado futuro depende apenas do estado atual, e não de estados anteriores.

Matematicamente, isso é expresso como:

$$P(X_{\{n+1\}} = x_{\{n+1\}} \mid X_n = x_n, X_{\{n-1\}} = x_{\{n-1\}}, \ldots, X_0 = x_0) = P(X_{\{n+1\}} = x_{\{n+1\}} \mid X_n = x_n)$$

em que X representa o estado do processo e *n* é o índice do tempo.

A propriedade de Markov simplifica a análise de cadeias de Markov, pois permite que nos concentremos apenas nas probabilidades de transição entre estados adjacentes em vez de nos focarmos em todo o histórico do processo. A matriz de transição, que contém as probabilidades de transição entre estados, é a ferramenta principal utilizada para analisar cadeias de Markov.

Na sequência, vamos examinar como as equações de Chapman-Kolmogorov influenciam os resultados da aplicação de cadeias de Markov de ordem superior.

O QUE É

Cadeias de Markov de ordem superior expandem o conceito básico de uma cadeia de Markov de primeira ordem, na qual a probabilidade de transição para o próximo estado depende apenas do estado atual. Em uma cadeia de Markov de ordem *n*, a probabilidade de transição para o próximo estado depende dos *n* estados anteriores. Isso significa que, em vez de considerar apenas o estado imediatamente anterior para determinar a probabilidade de transição, uma cadeia de Markov de ordem superior leva em conta uma "memória" mais longa de estados antecessores.

Essas equações estabelecem uma relação entre as probabilidades de transição em diferentes intervalos de tempo e são fundamentais para compreender a evolução das cadeias de Markov ao longo do tempo.

2.2 Equações de Chapman-Kolmogorov

As equações de Chapman-Kolmogorov têm sua origem na teoria das probabilidades e na obra de dois matemáticos proeminentes do início do século XX: Andrei Markov, já citado na seção anterior, e Sydney Chapman.

Markov estava particularmente interessado em desenvolver um modelo probabilístico para descrever sequências de letras em textos escritos. Por meio de seu trabalho, Markov introduziu o conceito de cadeias de primeira ordem, nas quais a probabilidade de ocorrência de um evento depende apenas do evento imediatamente anterior.

Sydney Chapman (1888-1970), um matemático e físico britânico, foi responsável por estender e generalizar o trabalho de Markov. Em 1933, ele desenvolveu as equações de Chapman-Kolmogorov para descrever a evolução temporal de processos estocásticos que obedecem à propriedade de Markov. A contribuição de Chapman foi importante na análise de cadeias de Markov de ordem superior e na descrição da evolução de sistemas estocásticos com intervalos de tempo variáveis.

Por esse padrão, que permitia a análise de cadeias de Markov de ordem superior, as equações de Chapman-Kolmogorov foram amplamente adotadas na teoria das probabilidades e na análise de processos estocásticos, sendo aplicadas em diversos campos, como física, economia, biologia, engenharia e ciência da computação. Essas equações permitiram aos pesquisadores desenvolver modelos matemáticos mais sofisticados e fazer análises mais precisas de sistemas estocásticos que exibem dependências temporais.

De maneira simplificada, podemos dizer que as equações de Chapman-Kolmogorov desempenham um papel importante na análise de cadeias de Markov, pois elas fornecem uma forma de calcular a probabilidade de transição entre estados em um horizonte de tempo maior do que um único passo. Essas equações são baseadas no princípio da probabilidade total e relacionam as probabilidades de transição de múltiplos passos com as probabilidades de transição de um único passo.

Seja P a matriz de transição de uma cadeia de Markov, em que $P(i,j) = P_{ij}$ representa a probabilidade de transição do estado i para o estado j em um único passo. A equação de Chapman-Kolmogorov afirma que, para calcular a probabilidade de transição do estado i para o estado j em n passos, devemos multiplicar a matriz P por si mesma n vezes (isto é, elevar P à potência n) e, em seguida, examinar o elemento (i, j) da matriz resultante.

Em termos matemáticos, a equação de Chapman-Kolmogorov pode ser escrita da seguinte forma:

$$P^{(n)}(i,j) = P_{ij}^{(n)} = \sum_k P_{ik}^{(l)} P_{kj}^{(n-1)} \text{ para todo } i \text{ e } j.$$

em que $P_{ij}^{(n)}$ é a probabilidade de transição do estado i para o estado j em n passos, e a soma é calculada em todos os estados intermediários k possíveis.

As equações de Chapman-Kolmogorov são úteis para analisar a evolução das cadeias de Markov ao longo do tempo e podem ser aplicadas a diversos problemas práticos.

IMPORTANTE!

As equações de Chapman-Kolmogorov são aplicáveis apenas a cadeias de Markov com a propriedade de Markov, ou seja, a probabilidade de transição entre estados depende apenas do estado atual, e não de estados anteriores. Essa propriedade simplifica a análise e permite que as equações sejam usadas para descrever a evolução das cadeias de Markov de forma eficiente.

Vamos exemplificar o uso da equação de Chapman-Kolmogorov a seguir. Para fins de simplicidade, vamos considerar uma cadeia de Markov com dois estados: E (ensolarado) e C (chuvoso), e usaremos a matriz de transição P que já definimos anteriormente.

Exemplificando 2.2

Suponhamos que queremos calcular a probabilidade de que o clima seja ensolarado depois de dois dias, dado que o clima é chuvoso hoje. Podemos usar a equação de Chapman-Kolmogorov para isso.

Da mesma maneira que fizemos anteriormente, montaremos um pseudocódigo (algoritmo) que nos auxilie, posteriormente, na implementação computacional. Ele deve ficar assim:

1. Definir os estados E (ensolarado) e C (chuvoso).
2. Definir a matriz de transição P, em que P(i, j) representa a probabilidade de transição do estado i para o estado j em um único passo:
   P = [[0.8, 0.2],
   [0.4, 0.6]]
3. Calcular a matriz de transição em dois dias (P^2) elevando a matriz P à potência 2.
4. Extrair o elemento (1, 0) da matriz resultante, que corresponde à probabilidade de transição de C para E em 2 dias (Lembrar que a indexação é baseada em zero).

5. Imprimir a probabilidade de transição de C para E em 2 dias.

6. Criar um gráfico de barras para visualizar as probabilidades de transição em 2 dias a partir de C (estado chuvoso).

    a) utilizar os estados "E" e "C" como rótulos do eixo x;

    b) utilizar a linha correspondente a "C" na matriz P^2 como valores do eixo y;

    c) desenhar o gráfico com rótulos e títulos apropriados.

7. Exibir ou salvar o gráfico.

O código Python está apresentado a seguir.

Código Python: Análise de probabilidade de transição de dois dias

```python
import numpy as np
import matplotlib.pyplot as plt
# Definindo a matriz de transição
P = np.array([[0.8, 0.2],
     [0.4, 0.6]])
# Calculando P^2
P2 = np.linalg.matrix_power(P, 2)
# Extraindo a probabilidade de transição de C para E em 2 dias
P_CE_2_days = P2[1, 0] # Lembre-se que Python usa indexação baseada em zero
print(f"A probabilidade de transição de C para E em 2 dias é {P_CE_2_days:.2f}")
# Criando um gráfico de barras das probabilidades de transição de C para
# E e de C para C em 2 dias
states = ["E", "C"]
plt.bar(states, P2[1, :], color='orange')
plt.xlabel("Estados", fontsize=16, fontweight='bold')
plt.ylabel("Probabilidade", fontsize=16, fontweight='bold')
plt.title("Probabilidades de Transição em 2 Dias a Partir de C", fontsize=20, fontweight='bold')
plt.xticks(fontsize=14)
plt.yticks(fontsize=14)
plt.savefig("probabilidades_transicao_2_dias.svg", format="svg") # Salvar o gráfico em formato SVG
plt.show()
```

Vamos explicar a estrutura desse código detalhadamente:

- **Definição da matriz de transição P**: A matriz P é a representação da nossa cadeia de Markov. Cada entrada P(i, j) na matriz é a probabilidade de transição do estado *i* para o estado *j* em um único passo. No nosso caso, temos dois estados: ensolarado (E) e chuvoso (C). Assim, a nossa matriz de transição é uma matriz 2 × 2, na qual a primeira linha representa o estado ensolarado e a segunda linha representa o estado chuvoso. A primeira coluna representa a probabilidade de transição para o estado ensolarado e a segunda coluna representa a probabilidade de transição para o estado chuvoso.
- **Cálculo de P^2**: A matriz P^2 representa as probabilidades de transição em dois passos. Para calcular P^2, multiplicamos a matriz P por si mesma. É aqui que a equação de Chapman-Kolmogorov entra em jogo. A equação de Chapman-Kolmogorov nos permite calcular as probabilidades de transição para um número arbitrário de passos, *n*, ao multiplicar a matriz de transição por si mesma n – 1 vezes. Nesse caso, estamos interessados nas probabilidades de transição em dois passos, então, multiplicamos P por si mesma uma vez.
- **Extração da probabilidade de transição de C para E em dois dias**: Depois de calcular P^2, podemos usar essa matriz para encontrar a probabilidade de transição de qualquer estado para qualquer outro estado em dois passos. No nosso caso, estamos interessados na probabilidade de transição de C (chuvoso) para E (ensolarado) em dois dias. Para encontrar essa probabilidade, simplesmente, olhamos para a entrada correspondente na matriz P^2.
- **Criação de um gráfico de barras das probabilidades de transição em dois dias a partir de C**: Por fim, o código cria um gráfico de barras que mostra as probabilidades de transição em dois dias a partir de C para cada um dos estados, o que nos dá uma representação visual das probabilidades que calculamos.

Com isso, obtemos o gráfico de barras apresentado a seguir.

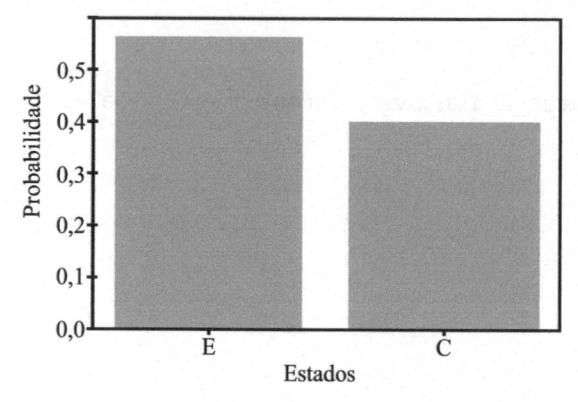

Gráfico 2.2 – Probabilidade de transição em dois dias

Com a ajuda do exemplo da previsão do tempo e do código Python associado, o conceito e a aplicação das equações de Chapman-Kolmogorov ficaram mais claros. Na próxima seção, exploraremos um pouco mais as implicações e as aplicações das cadeias de Markov, com ênfase em uma de suas características mais interessantes: a ergodicidade, que pode ser entendida como a propriedade que garante que, independentemente do estado inicial do sistema, as médias de longo prazo das observações convergirão para um mesmo valor, refletindo a distribuição estacionária da cadeia. Esse fenômeno permite que, mesmo em sistemas complexos sujeitos a aleatoriedade, possamos fazer previsões confiáveis sobre seu comportamento médio ao longo do tempo, abrindo caminho para uma ampla gama de aplicações práticas em diversos campos de estudo.

2.3 Classificação dos estados de uma cadeia de Markov

Seguindo a lógica apresentada por Andrade (2002) e Arenales et al. (2007), os estados de uma cadeia de Markov podem ser classificados de acordo com várias propriedades: transitório ou recorrente, periódico ou aperiódico, irredutível ou redutível.

Um estado é considerado transitório se a cadeia puder deixá-lo e nunca mais voltar. Um estado é considerado recorrente se, uma vez deixado, a cadeia de Markov tem uma probabilidade de 1 de retornar a ele (Ross, 2006).

Suponha que temos uma cadeia de Markov modelando o clima com três estados: ensolarado, nublado e chuvoso. Se, em nosso modelo, uma vez que o clima se torna *ensolarado*, ele nunca muda – o estado ensolarado é um exemplo de um estado transitório. Se, no entanto, sempre existe a possibilidade de o dia seguinte ser *nublado*, independentemente do clima atual, o estado nublado é um exemplo de um estado recorrente.

Os estados também podem ser classificados como periódicos ou aperiódicos. Um estado é dito *periódico* se a cadeia de Markov retornar a ele em intervalos regulares, e *aperiódico* se a cadeia de Markov puder retornar a ele em qualquer tempo. A classificação de estados como *periódicos* ou *aperiódicos* é fundamental para entendermos as probabilidades de longo prazo da cadeia, um conceito discutido no contexto das propriedades de Markov e das equações de Chapman-Kolmogorov.

Considerando uma cadeia de Markov modelando o comportamento de um comutador que se alterna entre os estados ligado e desligado a cada etapa, temos um exemplo de estado periódico, já que o comutador retorna ao mesmo estado a cada duas etapas.

Em contraste, suponha uma cadeia de Markov que representa a posição de um peão em um tabuleiro de xadrez que pode se mover para qualquer posição adjacente em cada passo. A posição atual do peão é um exemplo de um estado aperiódico, pois ele pode retornar à mesma posição em qualquer número de passos.

Os estados de uma cadeia de Markov também podem ser classificados como *irredutíveis* ou *redutíveis*. Uma cadeia de Markov é dita *irredutível* se for possível passar de qualquer estado para qualquer outro estado em um número finito de etapas (Prado, 2004). Caso contrário, se existem estados aos quais a cadeia de Markov não pode retornar uma vez que os deixou, a cadeia é considerada *redutível* (Ross, 2006). A irredutibilidade é uma propriedade importante, pois se relaciona com a ergodicidade, conceito fundamental na modelagem de cadeias de Markov.

Por exemplo, se tivermos uma cadeia de Markov representando a evolução de uma doença, com três estados – saudável, infectado e recuperado – e, em nosso modelo, uma vez que um indivíduo se recupera da doença, ele não pode ficar doente novamente, temos uma cadeia redutível. Em contraste, uma cadeia de Markov modelando o comportamento de um jogador de um jogo de tabuleiro em que ele pode se mover para qualquer lugar no tabuleiro a partir de sua posição atual, cada posição no tabuleiro é um exemplo de um estado em uma cadeia irredutível, já que é possível chegar a qualquer posição a partir de qualquer outra posição em um número finito de passos.

De maneira geral, uma cadeia de Markov é considerada *ergódica* se todos os seus estados forem recorrentes e aperiódicos.

Em outras palavras, uma cadeia de Markov ergódica é aquela em que é possível (e inevitável) retornar a cada estado em um número finito de passos, independentemente do estado inicial, e esse retorno pode ocorrer em intervalos de tempo variáveis.

Esse é um conceito importante porque as cadeias de Markov ergódicas têm uma propriedade denominada *estacionariedade de longo prazo*. Isso significa que, à medida que a cadeia de Markov avança no tempo, a probabilidade de estar em um determinado estado se torna independente do estado inicial, alcançando um equilíbrio.

Essa estacionariedade permite que os analistas façam previsões sobre o comportamento de longo prazo do sistema modelado pela cadeia de Markov. Por exemplo, em uma cadeia de Markov ergódica que modela o clima, poderíamos prever a proporção de dias ensolarados, nublados e chuvosos em longo prazo.

As classificações de estado apresentadas são importantes na análise de cadeias de Markov e têm implicações diretas na eficácia e na precisão de suas aplicações práticas. O entendimento dessas classificações facilita a aplicação das cadeias de Markov em diversos campos, alinhando-se com a abordagem defendida por autores como Banks et al. (2005) e Robinson (2014), que realçam a importância da modelagem e da simulação para a solução de problemas complexos.

Contudo, é essencial que a modelagem de uma cadeia de Markov e a classificação de seus estados sejam feitas de maneira precisa e fundamentada, levando em consideração as particularidades do sistema sendo modelado. Nesse sentido, a teoria de Markov e suas cadeias, juntamente com a classificação de seus estados, se revelam como ferramentas eficientes e versáteis no campo da pesquisa operacional e da simulação (Law; Kelton, 1999; Pidd, 2004; Zeigler; Praehofer; Kim, 2000).

2.4 Modelos de decisão markovianos

Dentro do campo da pesquisa operacional, por exemplo, a análise de decisões probabilísticas desempenha um papel crucial. Conforme descrito por Andrade (2002), um dos métodos mais eficazes para abordar essas situações é o uso de processos de decisão de Markov, ou *modelo de decisão de Markov* (MDP, da sigla em inglês *Markov Decision Processes*). Os MDPs fornecem uma estrutura formal para modelar e resolver problemas de decisão sequencial, em que o resultado de uma ação é parcialmente aleatório e parcialmente sob o controle do tomador de decisão.

Um MDP é um modelo estocástico para processos de decisão que evoluem ao longo do tempo. Conforme definido por Ross (2006), um MDP é constituído por um conjunto de estados, um conjunto de ações, funções de transição de estado e função de recompensa e um fator de desconto. A inclusão das ações e das recompensas faz com que os MDPs sejam muito úteis para problemas de decisão sequencial, em que um agente deve escolher ações ao longo do tempo para maximizar alguma noção de recompensa acumulada (Ross, 2006).

A diferença fundamental entre um MDP e uma cadeia de Markov é a inclusão de ações e recompensas.

Como explicam Russell e Norvig (2004), a forma matemática básica de um MDP é a seguinte:

Um MDP é uma tupla[1] (S, A, P, R, γ) em que:

- S é um conjunto finito de estados;
- A é um conjunto finito de ações;
- P é uma função de transição de estado $P(s'| s, a)$ que dá a probabilidade de transitar para o estado s' quando a ação a é tomada no estado s;
- R é uma função de recompensa $R(s, a, s')$ que dá a recompensa esperada ao transitar para o estado s' quando a ação a é tomada no estado s;
- γ é um fator de desconto que determina a importância das recompensas futuras em relação às recompensas imediatas. Se γ é 0, só a recompensa imediata é considerada, se γ é 1, todas as recompensas futuras têm o mesmo peso que a recompensa imediata.

A função de recompensa e o fator de desconto são particularmente importantes em um MDP. Como Taha (2016) explica, a função de recompensa quantifica o valor ou benefício de se estar em um estado particular ou de tomar uma ação particular. O fator de desconto, no entanto, é usado para ajustar o valor atribuído a recompensas futuras em comparação com recompensas imediatas.

---

1 Uma tupla é uma coleção ordenada e imutável de elementos em programação. Diferentemente de listas, o conteúdo de uma tupla não pode ser alterado após sua criação, o que a torna útil para armazenar dados que não devem ser modificados, como constantes em um programa. Em Python, as tuplas são definidas utilizando parênteses, com os elementos separados por vírgulas.

O objetivo de um MDP é encontrar uma política ótima, ou seja, uma sequência de ações que maximiza a soma total das recompensas esperadas (Arenales et al., 2007).

A política ótima é a que proporciona a maior recompensa em longo prazo para o tomador de decisão, levando em consideração as probabilidades de transição e as recompensas associadas a cada ação em cada estado.

A determinação de uma política ótima em um MDP envolve o cálculo de uma função de valor, que quantifica o valor total esperado de estar em um estado particular sob a política ótima. Esse cálculo é feito, comumente, por meio de algoritmos como iteração de valor ou iteração de política, conforme descrito por Banks et al. (2005).

A iteração de valor, em particular, é baseada na equação de Bellman, que fornece uma relação recursiva para o valor de um estado específico em termos do valor dos estados subsequentes que podem ser alcançados a partir desse estado inicial (Law; Kelton, 1999).

A solução da equação de Bellman resulta na função de valor ótima, que pode, então, ser usada para derivar a política ótima (Prado, 2004).

Vejamos, a seguir, a função de valor ótima que satisfaz a equação de Bellman:

$$V^*(s) = \max_a \{R(s, a, s') + \gamma \Sigma P(s' \mid s, a) V^*(s')\}$$

para todos os s' pertencentes a S. O valor de $V^*(s)$ é a soma máxima esperada das recompensas para todos os estados possíveis s.

Aqui, $\max_a$ é a operação de maximização sobre todas as possíveis ações a, e Σ é a soma sobre todos os possíveis estados s'.

Vamos ver um exemplo a esse respeito.

Exemplificando 2.3

Imagine que estejamos administrando uma máquina numa fábrica que pode estar em um de três estados: *funcionando*, *defeituosa* e *quebrada*. A máquina muda de estado de acordo com as seguintes probabilidades:

- Se a máquina está *funcionando*, ela pode continuar *funcionando* com probabilidade 0,9 ou tornar-se *defeituosa* com probabilidade 0,1, independentemente da ação tomada. Se escolhermos a ação de *reparar*, a máquina se manterá *funcionando* com probabilidade de 0,9 e pode se tornar *defeituosa* com probabilidade de 0,1.
- Se a máquina está *defeituosa*, podemos optar por repará-la, tornando-a *funcionando* com probabilidade 0,8 ou mantendo-a *defeituosa* com probabilidade 0,2. Se optarmos por não fazer nada, a máquina pode tornar-se *funcionando* com probabilidade 0,5, permanecer *defeituosa* com probabilidade 0,3 ou tornar-se *quebrada* com probabilidade 0,2.
- Se a máquina está *quebrada*, ela permanece *quebrada* (estado absorvente), independentemente da ação tomada.

As recompensas associadas a cada estado e ação são: +5 para a máquina *funcionando* após não fazer nada; –2 para *defeituosa* após não fazer nada; –10 para *quebrada*; +4 para *funcionando* após reparar; e –3 para *defeituosa* após reparar.

O código Python a seguir implementa esse exemplo:

Código Python: Otimização de política para manutenção de máquinas

```python
import numpy as np # Importa a biblioteca numpy para operações com arrays.

# Define os estados, ações e as recompensas associadas para cada estado
e ação.
estados = [0, 1, 2] # Estados: 0 - Funcionando, 1 - Defeituosa, 2 - Quebrada.
acoes = [0, 1] # Ações: 0 -  nada, 1 - reparar.
recompensas = [[5, 4], [-2, -3], [-10, -10]] # Recompensas para cada combinação de estado e ação.

# Inicializa a matriz de transição de probabilidades para cada ação e
estado.
P = np.zeros((len(acoes), len(estados), len(estados))) # Dimensões: ação x estado atual x próximo estado.
P[0, 0, :] = [0.9, 0.1, 0.0] # Probabilidade de transição com ação "nada" no estado "Funcionando".
P[1, 0, :] = [0.9, 0.1, 0.0] # Probabilidade de transição com ação "reparar" no estado "Funcionando".
P[0, 1, :] = [0.5, 0.3, 0.2] # Probabilidade de transição com ação "nada" no estado "Defeituosa".
P[1, 1, :] = [0.8, 0.2, 0.0] # Probabilidade de transição com ação "reparar" no estado "Defeituosa".
P[:, 2, :] = [0.0, 0.0, 1.0] # Probabilidade de transição no estado "Quebrada" (estado absorvente).

# Define os parâmetros para o Algoritmo de Iteração de Valor.
theta = 1e-8 # Limiar para determinar a convergência do algoritmo.
desconto = 0.99 # Fator de desconto que pondera a importância de recompensas futuras.
```

```python
# Inicializa os valores dos estados com zeros.
V = np.zeros(len(estados))

# Inicializa a política com zeros, indicando a ação inicial para cada
estado.
politica = np.zeros(len(estados), dtype=int)

# Loop para atualizar os valores dos estados até que a mudança máxima
(delta) seja menor que o limiar theta.
while True:
    delta = 0 # Variável para acompanhar a maior mudança nos valores dos
estados em uma iteração.
    for s in estados: # Itera sobre todos os estados.
        v = V[s] # Armazena o valor atual do estado.
        # Atualiza o valor do estado com o máximo das somas das recompensas
esperadas para cada ação possível.
        V[s] = max([sum([P[a, s, sp] * (recompensas[s][a] + desconto * V[sp])
for sp in estados]) for a in acoes])
        # Atualiza delta com a maior mudança nos valores dos estados.
        delta = max(delta, abs(v - V[s]))
    # Se a maior mudança for menor que o limiar, termina o loop.
    if delta < theta:
        break

# Após a convergência, determina a política ótima escolhendo a ação que
maximiza a soma das recompensas esperadas para cada estado.
for s in estados:
    politica[s] = np.argmax([sum([P[a, s, sp] * (recompensas[s][a] + desconto
* V[sp]) for sp in estados]) for a in acoes])

# Imprime a política ótima e os valores finais dos estados.
print("Política ótima:", politica)
print("Valores dos estados:", V)
```

Nesse código, estamos usando um fator de desconto (*gamma*) de 0,99, que reflete a preferência por recompensas presentes em detrimento de recompensas futuras. O algoritmo continua a atualizar os valores dos estados até que a mudança máxima em qualquer valor do estado seja menor do que o limiar (theta) de $1e^{-8}$. A política é, então, atualizada para refletir as ações que maximizam a soma ponderada das recompensas e dos valores futuros dos estados.

Finalmente, o código imprime a política ótima e os valores dos estados. A política ótima é a ação (0 para *nada*, 1 para *reparar*) que maximiza a recompensa esperada para cada estado. Os valores dos estados refletem a recompensa esperada total ao seguir a política ótima a partir de cada estado.

A política ótima é [0, 1, 0], que indica a melhor ação a ser tomada para cada estado. O índice do vetor representa o estado e o valor no índice representa a ação. Então, para o estado *funcionando* (índice 0), a melhor ação é 'nada' (valor 0); para o estado *defeituosa* (índice 1), a melhor ação é 'reparar' (valor 1); e, para o estado *quebrada* (índice 2), a melhor ação é 'nada' (valor 0), já que a máquina não pode ser reparada[2] quando está quebrada.

Os valores dos estados representam a recompensa total esperada ao seguir a política ótima a partir de cada estado. Assim, se a máquina estiver *funcionando*, esperamos uma recompensa total de, aproximadamente, 412,10; se estiver *defeituosa*, a recompensa total esperada cai para 403,22; e, se estiver *quebrada*, a recompensa esperada é muito negativa (aproximadamente –1.000), o que faz sentido, já que uma máquina quebrada não gera nenhuma recompensa e não pode ser reparada.

> ### Preste atenção!
> No código, o *loop while* continua a atualizar os valores dos estados até que a mudança máxima em qualquer valor de estado seja menor do que o limiar definido (*theta*). Isso garante que chegamos a uma aproximação estável dos valores dos estados sob a política ótima. A política ótima é, então, determinada escolhendo a ação que maximiza o valor esperado para cada estado.

Os valores específicos mencionados (aproximadamente, 412,10 para um estado funcionando; 403,22 para defeituoso e –1000 para quebrado) são o resultado dessa iteração até a convergência, considerando as probabilidades de transição, as recompensas e o fator de desconto. Esses valores refletem a recompensa total esperada ao seguir a melhor estratégia de ação a partir de cada estado.

> ### Importante!
> Esses valores dependem fortemente do modelo específico (probabilidades de transição e recompensas) e do fator de desconto escolhido. Qualquer alteração nesses parâmetros pode levar a valores diferentes.

---

2 *Reparar*, neste contexto, refere-se a melhorias ou ajustes feitos em um sistema para otimizar seu desempenho ou prevenir falhas, não implicando, necessariamente, a restauração completa de um sistema inoperante.

O próximo exemplo ilustra como os processos de decisão de Markov (MDPs) podem ser aplicados a um problema prático de decisão sequencial. Ao considerar estados, ações, transições, recompensas e o fator de desconto, o MDP fornece estrutura para encontrar uma política ótima em um ambiente incerto e dinâmico.

Exemplificando 2.4

Queremos projetar um algoritmo para um táxi autônomo que opera em uma cidade pequena. Ele precisa decidir em que direção dirigir em cada cruzamento, tentando equilibrar o objetivo de chegar ao destino o mais rápido possível com outros fatores, como economia de combustível.

1. **Conjunto de estados (S)**: Os estados podem ser definidos como cada cruzamento na cidade. Se houver 100 cruzamentos, então, há 100 estados diferentes.
2. **Conjunto de ações (A)**: As ações podem ser definidas como as possíveis direções que o táxi pode tomar em um cruzamento (por exemplo, Norte, Sul, Leste, Oeste). Então, temos quatro ações diferentes.
3. **Função de transição de estado (P)**: Essa é a probabilidade de ir de um estado a outro, dado que uma certa ação é tomada. Pode ser representada por uma matriz tridimensional P[s][a][s'], em que s é o estado atual, a é a ação tomada e s' é o estado resultante. Essa matriz pode ser preenchida com base em um modelo do tráfego da cidade.
4. **Função de recompensa (R)**: A função de recompensa quantifica o valor de estar em um estado particular ou de tomar uma ação particular. No caso do táxi, a recompensa pode ser negativa para movimentos que levam para mais longe do destino e positiva para movimentos que aproximam o táxi do destino. Também podemos incluir penalidades para ações que resultam em mais consumo de combustível.
5. **Fator de desconto (γ)**: Esse valor, entre 0 e 1, determina a importância das recompensas futuras em relação às recompensas imediatas. Por exemplo, um valor de 0,9 significa que o táxi é moderadamente preocupado com recompensas futuras.

Vamos, então, solucionar o MDP. O objetivo é encontrar uma política ótima que diga ao táxi qual é a melhor ação a tomar em cada cruzamento.

1. **Iteração de valor**: A iteração de valor é um algoritmo que calcula a função de valor ótima, por meio da qual a política ótima pode ser derivada. Ele usa a equação de Bellman, e iteramos essa equação até a convergência para encontrar o valor de cada estado.

2. Política ótima: Com a função de valor ótima em mãos, podemos calcular a política ótima, que nos dá a melhor ação a tomar em cada estado. Para cada estado s, escolhemos a ação a que maximiza a soma da recompensa imediata e do valor esperado do próximo estado:

A política resultante direciona o táxi para a ação ótima em cada cruzamento, levando em consideração não apenas o objetivo de chegar ao destino rapidamente, mas também fatores como economia de combustível.

Vamos colocar esse modelo em prática. Primeiro, construiremos um pseudocódigo que permitirá visualizar o passo a passo necessário para implementação computacional. Reforçamos que, nesta obra, usamos a linguagem Python como estrutura principal, mas ela não é a única para simulações discretas.

Este será o pseudocódigo:

1. Inicialize os parâmetros:
   - S (estados);
   - A (ações);
   - P (função de transição de estado);
   - R (função de recompensa);
   - γ (fator de desconto).
2. Inicialize a função de valor V com zeros.
3. Repita até a convergência:
   - para cada estado s em S;
   - para cada ação a em A;
   - calcule a soma de R(s,a,s') + γ * V[s'] para todos os estados s' possíveis;
   - atualize V[s] com o valor máximo da soma calculada.
4. Para cada estado s em S:
   - determine a ação que maximiza R(s,a,s') + γ * V[s'] e armazene como política ótima.

Agora, vejamos a implementação em Python:

Código Python: Otimizador de política de navegação urbana

```
import numpy as np
# Parâmetros
S = 100 # número de cruzamentos (estados)
A = 4 # número de direções possíveis (ações)
gamma = 0.9 # fator de desconto
```

```python
# Função de transição de estado (P) e função de recompensa (R) - exemplo aleatório
P = np.random.rand(S, A, S) # Probabilidades de transição
R = np.random.rand(S, A, S) * 2 - 1 # Recompensas aleatórias entre -1 e 1
# Normalizando as probabilidades de transição
P /= P.sum(axis=2)[:, :, None]
# Inicializando a função de valor
V = np.zeros(S)
# Iteração de Valor
delta = 1e-3
while True:
  new_V = np.zeros(S)
  for s in range(S):
    values = []
    for a in range(A):
      value = sum(P[s, a, s_prime] * (R[s, a, s_prime] + gamma * V[s_prime]) for s_prime in range(S))
      values.append(value)
    new_V[s] = max(values)

  if np.max(np.abs(new_V - V)) < delta:
    break
  V = new_V
# Derivando a Política Ótima
policy = np.zeros(S, dtype=int)
for s in range(S):
  best_action_value = -np.inf
  best_action = None
  for a in range(A):
    action_value = sum(P[s, a, s_prime] * (R[s, a, s_prime] + gamma * V[s_prime]) for s_prime in range(S))
    if action_value > best_action_value:
      best_action_value = action_value
      best_action = a
  policy[s] = best_action
print("Política ótima:", policy)
```

Note que, inicialmente, importamos a biblioteca NumPy e definimos as constantes que serão usadas no restante do código. Na sequência, criamos matrizes aleatórias para as funções de transição de estado e recompensa e, em seguida, normalizamos a matriz de transição para garantir que as probabilidades somem 1 para cada estado e ação.

Para isso, inicializamos a função V = np.zeros(S) com zeros, preparando-a para a iteração.

Posteriormente, construímos uma seção para a iteração de valor (algoritmo para encontrar a função de valor ótima). Ela itera por meio de todos os estados e ações, calculando o valor para cada estado com base nas equações de Bellman, e repete até que a função de valor convirja (ou seja, as mudanças entre as iterações são menores do que um limite "delta").

Por fim, o código deriva a política ótima com base na função de valor ótima calculada anteriormente. Ele faz isso examinando cada estado e escolhendo a ação que resulta no maior valor. A política ótima é, então, impressa, fornecendo a ação ideal para cada estado.

A variável *policy* é um vetor que armazena a melhor ação a ser tomada para cada estado. Essas ações são os índices das melhores ações, e a ação ótima para cada estado é determinada pelo valor máximo calculado pela função de valor e pelas equações de Bellman.

A saída será:

Política ótima

[1 0 2 1 0 0 0 0 1 2 3 2 1 3 1 0 2 2 3 3 1 2 1 0 2 0 1 0 3 1 0 3 0 3 2 3 2
1 2 0 2 3 2 3 1 3 3 3 1 3 1 3 2 1 2 1 3 1 1 0 2 3 1 2 2 3 0 3 3 3 1 1 1 3 0
2 2 1 2 3 2 2 3 1 3 2 1 0 3 1 1 2 0 2 2 2 1 1 3 1 0]

Ela pode ser interpretada da seguinte maneira:

- No estado 0, a ação ótima é 1.
- No estado 1, a ação ótima é 0.
- No estado 2, a ação ótima é 2.
- No estado 3, a ação ótima é 1.
- No estado 4, a ação ótima é 0.

Ao trabalhar com algoritmos de decisão como o que foi implementado para o táxi autônomo, é crucial entender o significado dos "estados" e das "ações" dentro do modelo. Vamos esclarecer esses conceitos.

Cada estado representa um cruzamento específico na cidade onde o táxi autônomo pode se encontrar. Imagine a cidade como uma grade, onde cada ponto de interseção (ou cruzamento) é um estado possível para o táxi. Por exemplo: o "estado 0" pode ser o cruzamento entre a Rua 1 e a Avenida A, o "estado 1" pode ser o cruzamento entre a Rua 1 e a Avenida B, e assim por diante. Cada estado é único e representa uma localização específica no mapa da cidade.

As ações são as decisões que o táxi pode tomar em cada cruzamento, ou seja, para que direção ele deve seguir. No nosso modelo, temos quatro ações possíveis, representando as direções cardinais. 0: Norte; 1: Sul; 2: Leste; 3: Oeste.

A política ótima nos diz qual a melhor ação (direção) a tomar em cada estado (cruzamento), com o objetivo de otimizar o trajeto do táxi, considerando fatores como tempo de chegada ao destino e economia de combustível. Vejamos um exemplo de interpretação: se a política ótima indica 1 para o estado 0, isso significa que, no cruzamento entre a Rua 1 e a Avenida A, a melhor direção para o táxi seguir é para o Sul. Se a política ótima indica 3 para o estado 1, isso significa que, no cruzamento entre a Rua 1 e a Avenida B, a melhor direção para o táxi seguir é para o Oeste.

Uma forma eficaz de entender a política ótima é visualizar o mapa da cidade com os cruzamentos numerados (estados) e as setas indicando a direção ótima (ações) em cada cruzamento, conforme determinado pela política ótima.

Figura 2.3 – Visualização para o táxi autônomo

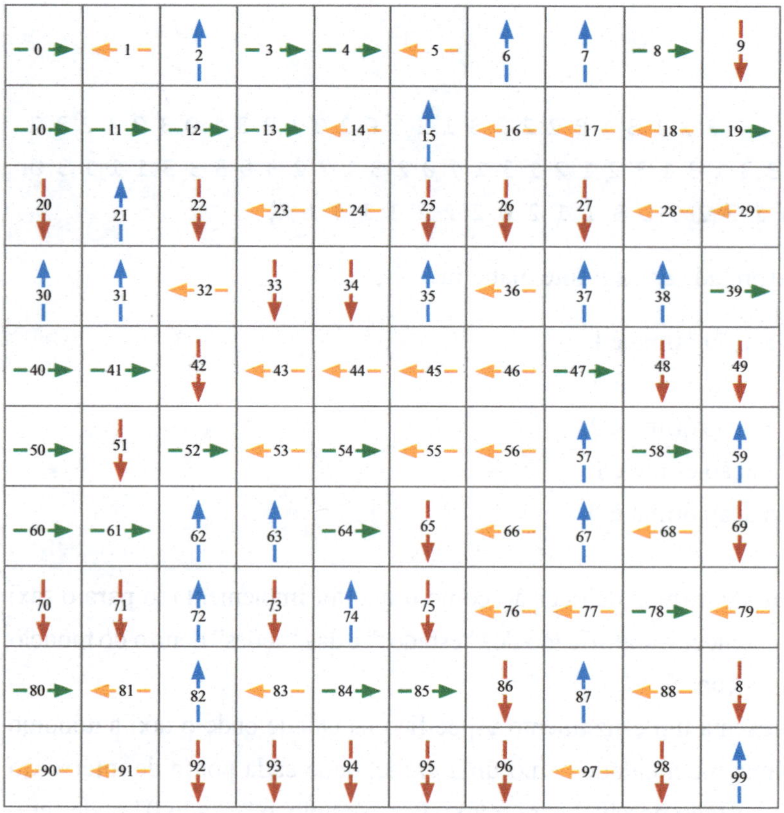

A Figura 2.3 apresenta uma grade 10 × 10, com cada célula representando um cruzamento em uma cidade pequena, totalizando 100 cruzamentos. Cada cruzamento na grade é numerado sequencialmente de 0 a 99, começando do canto superior esquerdo e indo para a direita e para baixo, linha por linha.

Em cada cruzamento, há uma seta colorida que indica a direção *ótima* a ser tomada a partir desse ponto, segundo uma política gerada aleatoriamente.

Devemos lembrar que as ações são indexadas a partir de 0, então, a ação 3 representa a quarta ação possível, a ação 1 representa a segunda ação possível etc.

O vetor *policy* fornece um mapeamento completo dos estados para as ações que devem ser tomadas em cada estado para maximizar a recompensa esperada em longo prazo, de acordo com o modelo de processo de decisão de Markov definido.

Em um contexto real, substituiríamos as matrizes de transição e recompensa aleatórias por valores que representam um problema específico, e as ações e estados também teriam interpretações concretas relacionadas a esse problema. Por exemplo, em um problema de robótica, os estados podem representar posições no espaço e as ações podem representar movimentos como *ir para frente*, *virar à esquerda* etc. Então, a política ótima diria ao robô qual movimento fazer em cada posição para alcançar algum objetivo.

Os exemplos apresentados são particularmente simples comparados a problemas que possamos desejar simular, mas permitem esclarecer o conceito de MDPs e como eles podem ser usados para modelar e resolver problemas de decisão sequencial em cadeias de Markov.

Vale ressaltar que a solução de MDPs em casos reais pode exigir considerável poder computacional e técnicas avançadas de otimização, como o aprendizado por reforço (Andrade, 2002). Essas técnicas vão além do escopo desse exemplo, mas são uma área ativa de pesquisa e aplicação na ciência da computação e na pesquisa operacional.

Exercício resolvido 2.1

Neste exercício, utilizaremos todos os conceitos que abordamos nas Seções 2.1 a 2.4. Consideraremos um exemplo simplificado de um serviço de atendimento ao cliente para um produto. O produto tem três estados: *funcionando*, *defeituoso* e *quebrado*. Os clientes podem ligar para o serviço de atendimento quando o produto estiver *defeituoso*. A empresa pode optar por reparar o produto ou substituí-lo.

Nossa tarefa é usar um modelo de decisão markoviano para determinar a melhor política para a empresa, ou seja, quando ela deve reparar um produto defeituoso e quando deve substituí-lo, a fim de minimizar o custo total esperado ao longo do tempo.

Vamos representar o problema usando um processo de decisão de Markov (MDP), no qual o estado representa a condição do produto (funcionando, defeituoso, quebrado) e as ações representam a decisão da empresa (reparar, substituir).

Adotamos um conjunto de suposições iniciais para as probabilidades de transição entre os estados do produto (funcionando, defeituoso, quebrado) e os custos associados a cada ação de atendimento (reparar, substituir). Essas suposições são necessárias para construir nosso modelo de decisão markoviano. É importante destacar que essas probabilidades e esses custos são estimativas iniciais que podem ser derivadas de uma combinação de análises de dados históricos, informações de especialistas no produto e considerações teóricas sobre o processo de atendimento ao cliente. À medida que mais dados sobre o desempenho do produto e a eficácia das intervenções de atendimento ao cliente se tornam disponíveis, essas estimativas podem (e na prática real, "devem") ser revisadas e refinadas para garantir que o modelo reflita com precisão a realidade operacional e otimize as decisões de atendimento ao cliente.

Temos as seguintes probabilidades de transição e custos:

- Se o produto está *funcionando*, ele pode continuar *funcionando* com probabilidade 0,9 ou tornar-se *defeituoso* com probabilidade 0,1. Não há custo quando o produto está funcionando.
- Se o produto está *defeituoso* e a empresa decide *reparar*, ele pode se tornar *funcionando* (após o reparo) com probabilidade 0,8 ou permanecer *defeituoso* com probabilidade 0,2. O custo do reparo é –3.
- Se o produto está *defeituoso* e a empresa decide *substituir*, o produto sempre se torna *funcionando*. O custo de substituição é –5.
- Se o produto está *quebrado*, ele sempre deve ser substituído a um custo de –5.

Agora, podemos modelar essa situação como um MDP e usar um algoritmo de programação dinâmica, como a iteração de valor, para encontrar a política ótima.

Em Python, podemos usar a biblioteca Mdptoolbox para implementar esse exemplo:

Código Python: Política de atendimento ao cliente com MDP

```python
import numpy as np
import matplotlib.pyplot as plt
import mdptoolbox

# Estado 0 = 'Funcionando', Estado 1 = 'Defeituosa', Estado 2 = 'Quebrada'
# Ação 0 = 'Reparar', Ação 1 = 'Substituir'

# Matriz de Transição
T = np.array([
  [[0.9, 0.1, 0.0], [0.8, 0.2, 0.0], [0.0, 0.0, 1.0]], # Reparar
  [[1.0, 0.0, 0.0], [1.0, 0.0, 0.0], [1.0, 0.0, 0.0]] # Substituir
])
```

```python
# Recompensas
R = np.zeros((2, 3, 3)) # A matriz de recompensas deve ter a forma (nAções,
nEstados, nEstados)
R[0, :, :] = [[0, -3, 0], [0, -3, 0], [0, 0, 0]] # Recompensas para a ação
'Reparar'
R[1, :, :] = [[0, -5, 0], [0, -5, 0], [0, 0, -5]] # Recompensas para a ação
'Substituir'

try:
    # Instância MDP
    mdp = mdptoolbox.mdp.ValueIteration(T, R, 0.9)
    mdp.run()

    # Política Ótima
    print("Política Ótima: ", mdp.policy)

    # Gráfico da Política Ótima
    plt.figure(figsize=(10, 6)) # Adicionar tamanho personalizado para a figura
    plt.plot(mdp.policy, marker='o') # Adicionar marcador para cada ponto
    plt.xticks(ticks=[0, 1, 2], labels=['Funcionando', 'Defeituosa', 'Quebrada'])
    plt.yticks(ticks=[0, 1], labels=['Reparar', 'Substituir'])
    plt.ylabel('Ação')
    plt.xlabel('Estado')
    plt.title('Política Ótima')
    plt.grid(True) # Adicionar linhas de grade para facilitar a leitura
    plt.savefig('politica_otima.svg', format='svg')
except OverflowError as e:
    print(f"OverflowError: {e}")
    print("R: ", R)
    print("T: ", T)
```

O código define as probabilidades de transição entre os estados e os custos associados a cada ação, levando em consideração todas as possibilidades. Em seguida, o algoritmo de iteração de valor da biblioteca Mdptoolbox é usado para determinar a política ótima, isto é, a escolha de ação que minimiza o custo total esperado a longo prazo para cada possível estado do produto.

Os resultados fornecem a política ótima que aconselha a melhor ação (reparar ou substituir) para cada estado possível do produto. Essa política foi determinada de forma a minimizar o custo total esperado a longo prazo. É importante notar que este é um exemplo simplificado e, na prática, os valores exatos das probabilidades de transição e dos custos seriam determinados com base em uma análise mais detalhada e dados concretos. O fator de desconto de 0,9 usado neste exemplo é arbitrário e pode ser ajustado para refletir melhor as preferências e circunstâncias específicas da empresa.

Em última análise, a aplicação desses conceitos e técnicas em um contexto real exigiria uma consideração cuidadosa de muitos fatores adicionais. No entanto, esse exemplo oferece uma introdução útil ao poder e à flexibilidade dos modelos de decisão de Markov na tomada de decisões baseadas em dados.

Para saber mais

Para aprofundar seu conhecimentos sobre esse assunto, sugerimos a leitura da obra *Introduction to Probability Models*, que apresenta uma introdução aos modelos de probabilidade, incluindo cadeias de Markov e processos estocásticos. É uma referência importante para entender os fundamentos matemáticos subjacentes aos métodos de simulação de eventos discretos.

ROSS, S. M. **Introduction to Probability Models**. 9. ed. New York: Elsevier, 2006.

Síntese

O estudo de processos estocásticos é essencial para a análise de situações em que a incerteza desempenha um papel crucial. Em particular, as cadeias de Markov fornecem um modelo matemático robusto para descrever sequências de eventos em que o resultado de um evento depende apenas do estado anterior, e não de todo o histórico.

Neste capítulo, examinamos as cadeias de Markov, introduzindo conceitos como as equações de Chapman-Kolmogorov, que fornecem um método para calcular a probabilidade de transição entre estados em uma cadeia de Markov. Descrevemos também a classificação dos estados de uma cadeia de Markov, ajudando a determinar a estrutura e o comportamento em longo prazo do processo.

Apresentamos os modelos de decisão markovianos, que aplicam a teoria das cadeias de Markov à tomada de decisão. Como vimos, esses modelos são especialmente úteis quando a tomada de decisão envolve situações que mudam ao longo do tempo de maneira probabilística.

Exemplificamos a aplicação prática desses conceitos na análise de decisões complexas sob incerteza. Com base nessa exposição, foi possível perceber como os processos estocásticos, em particular as cadeias de Markov, são ferramentas na análise de decisões.

Os processos estocásticos e, em particular, as cadeias de Markov são, portanto, ferramentas inestimáveis para analisar e fazer previsões em ambientes incertos. Com elas, é possível modelar uma variedade de situações reais, desde os movimentos de preços no mercado de ações até o comportamento do clima, proporcionando uma base sólida para a tomada de decisões informada.

Questões para revisão

1) O que é uma cadeia de Markov?

2) O que são as equações de Chapman-Kolmogorov?

3) Assinale a alternativa que indica corretamente como os estados de uma cadeia de Markov são classificados:

   a. De acordo com a probabilidade de ocorrerem.
   b. De acordo com o número de vezes que ocorrem em uma sequência de eventos.
   c. De acordo com a sua recorrência ou transitoriedade.
   d. De acordo com a sua relevância no processo de decisão.
   e. De acordo com a periodicidade dos estados, ou seja, o número mínimo de passos necessário para o sistema retornar ao mesmo estado.

4) Assinale a alternativa que indica corretamente o que são modelos de decisão markovianos:

   a. Modelos que usam cadeias de Markov para representar decisões.
   b. Modelos que usam cadeias de Markov para representar eventos independentes.
   c. Modelos que usam cadeias de Markov para representar processos estocásticos.
   d. Modelos que usam cadeias de Markov para representar séries temporais.
   e. Modelos que incorporam preferências e recompensas para otimizar as decisões em processos dinâmicos e incertos.

5) Assinale a alternativa que indica corretamente como a teoria das cadeias de Markov pode ser aplicada na tomada de decisão:

   a. Ao fornecer um método para modelar a incerteza na tomada de decisão.
   b. Ao fornecer um método para identificar a melhor decisão em qualquer situação.
   c. Ao fornecer um método para prever o resultado de uma decisão.
   d. Ao fornecer um método para analisar a eficácia de uma decisão após a sua implementação.
   e. Ao utilizar a propriedade de falta de memória das cadeias de Markov para simplificar a análise de processos decisórios complexos.

Questões para reflexão

1) Como as cadeias de Markov comparam-se a outras técnicas de modelagem estocástica?

2) Quais são os desafios na aplicação das equações de Chapman-Kolmogorov?

3) Quais são as vantagens e as desvantagens dos modelos de decisão markovianos?

Conteúdos do capítulo:
- Princípios fundamentais da teoria de filas.
- Comportamento de filas.
- Modelo de filas.
- Gestão de filas.

Após o estudo deste capítulo, você será capaz de:
1. aplicar a teoria de filas na análise e no dimensionamento de sistemas que envolvem a gestão de filas;
2. identificar e eliminar gargalos, reduzir o tamanho e o tempo de espera nas filas;
3. utilizar as ferramentas necessárias para lidar com situações que envolvem a gestão de filas.

3
Teoria de filas

3.1 Estrutura básica dos modelos de filas e exemplos de sistemas

Em uma sociedade marcada pela agilidade e pelo dinamismo dos processos, compreender e gerir, efetivamente, as filas torna-se uma competência fundamental. O objetivo não é apenas entender o que é uma fila, mas também como seu comportamento pode ser estudado e, com isso, identificar e eliminar gargalos, reduzir o tamanho e o tempo de espera nas filas e fornecer informações para a tomada de decisões em contextos práticos. É importante destacar que cada chegada ou saída em uma fila é tratada como um evento discreto, cuja simulação nos ajuda a compreender e prever as dinâmicas envolvidas nesse processo. Estudar a teoria de filas é, portanto, estudar as diferentes estruturas que envolvem as simulações de eventos discretos.

A teoria de filas teve origem com o trabalho do engenheiro dinamarquês Agner Krarup Erlang (1878-1929), que, no início do século XX, tentava resolver o problema de determinar o número mínimo de linhas telefônicas necessárias para manter um determinado nível de serviço (Andrade, 2002). Com base nesse problema prático, Erlang desenvolveu os primeiros modelos matemáticos de sistemas de filas, incluindo a fórmula de Erlang C, usada para calcular a probabilidade de que um cliente tenha de esperar em uma fila antes de ser atendido.

Atualmente, a teoria de filas é considerada um ramo da pesquisa operacional que lida com o estudo matemático da espera em filas.

Em termos de estrutura, uma fila é composta de três elementos principais: os clientes, o servidor e a disciplina de fila.

Os clientes são os usuários do sistema que chegam e requerem serviço. O servidor é o recurso que fornece o serviço, podendo ser um único servidor ou múltiplos servidores. A disciplina de fila refere-se à ordem em que os clientes são servidos.

Para exemplificar, consideremos um supermercado. Quando chegamos ao caixa (*checkout*) com nossos produtos para pagamento, tornamo-nos os **clientes** em um sistema de filas. Os caixas do supermercado são os **servidores**, que processam (ou servem) nossas solicitações de pagamento. No caso de um supermercado, geralmente existem múltiplos servidores, ou seja, vários caixas disponíveis para atender os clientes.

A ***disciplina de fila***, uma expressão técnica, é a forma como decidimos quem será o próximo a ser atendido.

A norma mais comum que seguimos na maioria das situações do cotidiano, incluindo a fila do caixa do supermercado, é a regra *first in, first out* (Fifo), que, em português, significa "o primeiro a chegar é o primeiro a ser atendido".

Existem, entretanto, outras possíveis disciplinas de fila, como a disciplina *last in, first out* (Lifo), que, em português, significa "o último a chegar é o primeiro a ser servido". Parece estranho? Pois bem, ela é comum em certos contextos computacionais, como o gerenciamento de memória. Mas, na prática, é difícil de ser aplicada, já que, geralmente, preferimos recompensar aqueles que chegaram primeiro.

Outra disciplina é a s*ervice in random order* (Siro), que, em português, significa "serviço em ordem aleatória". Essa disciplina pode ser vista em alguns tipos de sorteios ou loterias. Em vez de servir o primeiro da fila ou o último, a ordem de serviço é aleatória.

Esses exemplos nos ajudam a visualizar esses conceitos, mas vale ressaltar que, na prática, a disciplina de fila escolhida deve atender aos objetivos e às restrições do sistema. Em um hospital, por exemplo, a ordem de atendimento pode depender da gravidade da condição do paciente, não necessariamente de quem chegou primeiro. Embora a teoria de filas forneça uma base para entender e modelar esses sistemas, a escolha da disciplina de fila correta requer, portanto, uma compreensão profunda do sistema e de suas metas.

Podemos usar processos de Poisson e a notação de Kendall para representar alguns modelos sob a ótica da teoria de filas.

> ## O QUE É
>
> Definição: um processo de Poisson é um modelo matemático que descreve eventos que ocorrem de forma aleatória e independente em um espaço ou intervalo de tempo contínuo. Caracteriza-se pela sua propriedade de ter um número médio constante de ocorrências em cada unidade de tempo ou espaço, conhecida como *taxa de chegada*.

Esse processo é nomeado em homenagem ao matemático francês Siméon Denis Poisson (1781-1840) e é amplamente utilizado em diversas disciplinas, incluindo teoria de filas, telecomunicações, ciência da computação e muitos outros campos da ciência e da engenharia.

Figura 3.1 – Poisson

Existem duas condições principais para um processo ser um processo de Poisson. São elas:

1. **Independência**: O número de eventos que ocorrem em intervalos de tempo não sobrepostos é independente. Isso significa que a ocorrência de um evento não afeta a probabilidade de ocorrência de outros eventos.
2. **Taxa constante**: A probabilidade de um evento ocorrer em um pequeno intervalo de tempo é proporcional ao tamanho do intervalo e não depende do que acontece em outros tempos.

E a notação de Kendall?

A notação de Kendall é um sistema de classificação padrão para descrever os modelos de fila. A forma mais comum dessa notação é representada como A/B/C, em que:

- **A** indica o processo de chegada dos clientes ao sistema, frequentemente modelado por um processo de Poisson (indicado pela letra M, de *markoviano*).
- **B** descreve a distribuição do tempo de serviço, que também pode ser M se for exponencial, indicando que o serviço tem a propriedade de falta de memória.
- **C** representa o número de servidores no sistema.

Isso significa que definimos um padrão para representar um modelo, composto por três parâmetros fundamentais: 1) a distribuição de chegadas; 2) a distribuição do tempo de serviço; e 3) o número de servidores.

Nos modelos de fila, algumas letras são comumente usadas para denotar distribuições específicas. Por exemplo, a letra M é usada para representar uma distribuição exponencial, que é a distribuição de probabilidade que descreve o tempo entre eventos em um processo de Poisson.

O uso da letra M vem de *markoviano*, uma vez que os processos de Poisson têm a propriedade da falta de memória, que é uma característica dos processos de Markov.

Então, um sistema M/M/1 significa:

- **M** (primeiro M): Chegadas ocorrem seguindo um processo de Poisson, ou seja, são independentes e ocorrem em uma taxa constante média.
- **M** (segundo M): O tempo de serviço segue uma distribuição exponencial, ou seja, o tempo necessário para servir um cliente não depende do tempo de serviço do cliente anterior.
- **1**: há apenas um servidor.

Além dessa notação, ainda podemos usar alguns parâmetros, que são:

- λ (lambda) é a taxa média de chegada de clientes. É o número médio de clientes que chegam por unidade de tempo. Por exemplo, se, em média, 10 clientes chegam por hora, então, $\lambda = 10$.
- μ (mu) é a taxa média de serviço. É a quantidade média de clientes que um servidor pode atender por unidade de tempo. Por exemplo, se um servidor pode atender, em média, 12 clientes por hora, então, $\mu = 12$.
- **L** é o número médio de clientes na fila. Inclui tanto os clientes que estão sendo atendidos quanto os que estão esperando.
- **W** é o tempo médio de espera na fila. Isso inclui o tempo que um cliente passa esperando e sendo atendido.

As fórmulas que relacionam esses parâmetros são as leis de Little, nomeadas em homenagem a John Dutton Conant Little (1928-), que as provou na década de 1960. Essas leis são consideradas fundamentais no estudo da teoria de filas.

A mais conhecida dessas leis afirma que, em um sistema estável, o número médio de clientes na fila (L) é igual à taxa média de chegada de clientes (λ) multiplicada pelo tempo médio de espera na fila (W).

Matematicamente, temos:

$$L = \lambda W$$

Vamos a uma aplicação desses conceitos.

Exemplificando 3.1

Imagine que estamos organizando uma central de atendimento telefônico. Quantas linhas telefônicas precisaremos para atender satisfatoriamente nossos clientes?

Aqui, a teoria de filas entra em cena.

A taxa média de chegada de chamadas (λ) e o tempo médio necessário para atender cada chamada ($1/\mu$) ajudam a determinar o número adequado de linhas telefônicas necessárias para atender a demanda, minimizando o tempo de espera dos clientes (Pidd, 2004).

A operação de uma rede de computadores também é um bom exemplo. Quando os pacotes de dados trafegam pela rede, podem ocorrer congestionamentos se muitos pacotes chegarem ao mesmo tempo. A teoria de filas pode ser usada para prever esses congestionamentos e ajudar a gerir o tráfego de pacotes de dados, garantindo que cada pacote chegue ao seu destino o mais rápido possível (Zeigler; Praehofer; Kim, 2000).

Além disso, em um sistema de computador, muitos processos podem solicitar acesso a um mesmo recurso, como o processador (CPU) ou o disco rígido. A teoria de filas permite modelar essas solicitações como clientes chegando a um servidor, enquanto a disciplina de fila pode ser usada para determinar a ordem em que os processos acessarão o recurso.

Agora, pensemos em um porto movimentado, aonde cargas chegam e saem em navios o tempo todo. Também podemos imaginar um aeroporto, onde aviões pousam e decolam, em que o tempo de espera no solo deve ser otimizado. Nesse caso, novamente, a teoria de filas se torna uma ferramenta fundamental.

Como vemos, ela permite gerenciar eficientemente o fluxo de veículos ou mercadorias, minimizando atrasos e maximizando a eficiência do sistema. Da mesma forma, é útil em estradas, para controlar o fluxo de tráfego, e em armazéns, para organizar a logística de armazenamento e retirada de produtos (Balci, 1994).

A teoria de filas, portanto, é uma ferramenta útil para equilibrar demanda e capacidade em uma variedade de sistemas, uma vez que prever e gerir filas nos permite otimizar nossos sistemas para proporcionar a melhor experiência possível aos usuários.

3.2 O papel da distribuição exponencial

Até aqui, discutimos o conceito básico de filas e como elas são modeladas. Descrevemos as diversas entidades envolvidas no sistema de filas, como clientes, servidores e a disciplina de filas, e como esses elementos interagem. Também esclarecemos a notação de Kendall, que nos permite descrever e classificar diferentes modelos de filas. Por fim, observamos algumas aplicações práticas em vários setores, desde telecomunicações até a gestão de serviços.

Agora, examinaremos um elemento-chave na modelagem de filas: a distribuição exponencial. Ela desempenha um papel fundamental na teoria de filas, principalmente, porque é usada para descrever os tempos de chegada e de serviço em muitos modelos de filas.

Matematicamente, a distribuição exponencial é definida pela seguinte função de densidade de probabilidade

$$f(x \mid \lambda) = \lambda e^{-\lambda x} \text{ para } x \geq 0,$$

em que λ é a taxa de chegada ou serviço e e é a base do logaritmo natural.

A distribuição exponencial tem uma propriedade única, chamada *falta de memória*, que é especialmente relevante para a teoria de filas. Essa propriedade significa que a probabilidade de ocorrência de um evento (como a chegada de um novo cliente ou a conclusão de um serviço) nos próximos t intervalos de tempo é a mesma, independentemente de quanto tempo já passou desde o último evento. Em outras palavras, em um sistema de filas, o processo "esquece" quando o último cliente chegou ou quando o último serviço foi concluído.

Importante!

A importância do "falta de memória" da distribuição exponencial no contexto de sistemas de fila reside em sua simplicidade e seu realismo para modelar muitos processos do mundo real. Em situações práticas, como em filas de atendimento ao cliente, a chegada do próximo cliente, frequentemente, não depende de quando o cliente anterior chegou, tornando a distribuição exponencial uma escolha adequada para modelar esses tempos de chegada. Além disso, essa característica permite simplificar a análise matemática dos modelos de fila, pois não precisamos rastrear a história completa do sistema para prever o comportamento futuro. Isso torna mais fácil calcular medidas importantes do sistema de fila, como o tempo médio de espera na fila ou a utilização do servidor.

Além disso, quando consideramos os tempos de chegada e de serviço como variáveis aleatórias independentes com distribuição exponencial, isso resulta em um *processo de Poisson*, que é fundamental na modelagem de sistemas de filas M/M/1 (Arenales et al., 2007).

A distribuição exponencial e a distribuição de Poisson estão intrinsecamente ligadas por meio do que conhecemos como *processos estocásticos de tempo contínuo*.

A distribuição de Poisson é uma distribuição de probabilidade discreta que expressa a probabilidade de um número fixo de eventos ocorrer em um intervalo fixo de tempo ou espaço se esses eventos ocorrerem com uma taxa média constante e de maneira independente. Em outras palavras, podemos usar a distribuição de Poisson para modelar a quantidade de eventos que ocorrem em um determinado período.

A distribuição exponencial, por sua vez, é uma distribuição de probabilidade contínua usada para modelar o tempo entre eventos em um processo de Poisson. Ou seja, descreve o tempo que devemos esperar até que ocorra o próximo evento.

Juntas, a distribuição de Poisson e a distribuição exponencial formam a base dos processos de Poisson. A distribuição de Poisson indica quantos eventos ocorreram em um período, e a distribuição exponencial indica quanto tempo temos de esperar até o próximo evento.

A utilização conjunta da distribuição de Poisson e da distribuição exponencial na modelagem de sistemas de filas se aplica, perfeitamente, ao contexto de filas. Considerando um sistema de fila M/M/1, a taxa de chegada de clientes ao sistema (λ) pode ser modelada usando a distribuição de Poisson, enquanto o tempo que leva para o servidor atender a um cliente ($1/\mu$) pode ser modelado usando a distribuição exponencial. Assim, a combinação dessas duas distribuições permite modelar e analisar o comportamento do sistema de filas.

Observando a representação gráfica a seguir, vemos que uma distribuição exponencial para diferentes valores de λ apresentará diferentes formas.

Vamos avaliar esses resultados graficamente.

Gráfico 3.1 – Função de densidade de probabilidade da distribuição exponencial para diferentes valores de λ

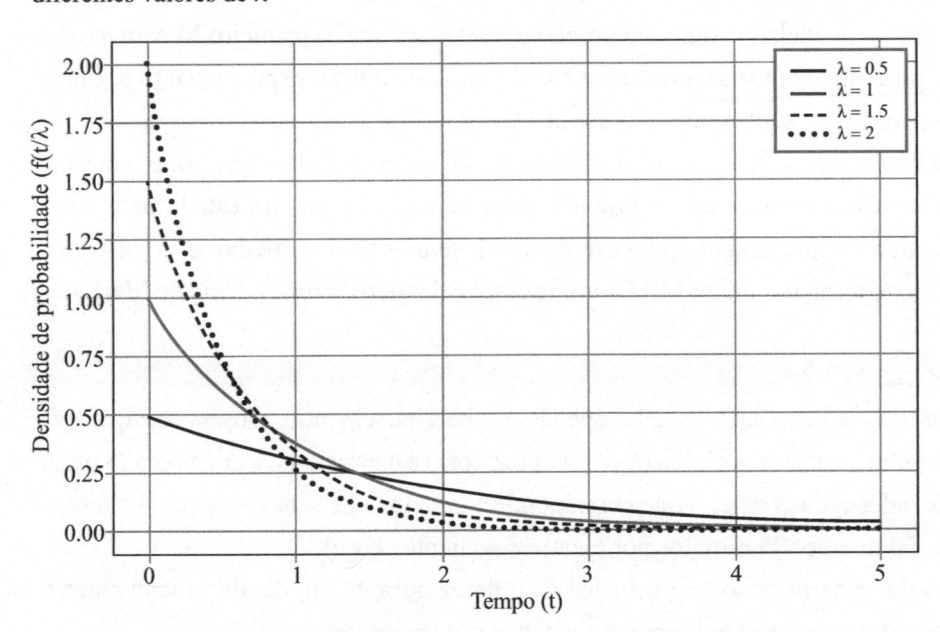

Para valores maiores de λ, a distribuição terá um declínio mais rápido, indicando que eventos (como chegadas de clientes) são mais frequentes. Para valores menores de λ, a distribuição será mais plana, indicando que os eventos são menos frequentes.

3.3 O processo de nascimento e morte

Os processos de nascimento e morte são uma classe especial de cadeias de Markov, muito úteis para modelar sistemas de fila. Esses sistemas são caracterizados por um número de estados que podem aumentar ou diminuir ao longo do tempo, de maneira que podemos classificar como *nascimentos* quando o número de estados aumenta – por exemplo, quando um cliente chega à fila – e *mortes* quando o número de estados diminui – por exemplo, quando um cliente é atendido e deixa a fila.

Esses processos são assim chamados porque podem ser modelados matematicamente de maneira semelhante ao estudo das populações de seres vivos, em que o tamanho da população aumenta por meio de nascimentos e diminui por meio de mortes.

A principal característica desses processos de nascimento e morte é a taxa de transição de um estado para outro depender apenas do estado atual, o que faz com que ele seja um processo de Markov. Isso é especialmente útil para modelar sistemas de filas, em que a dinâmica do sistema, muitas vezes, pode ser descrita em termos de um conjunto de estados possíveis e as transições entre esses estados.

3.3.1 Modelos de filas baseados nos processos de nascimento e morte

Vários modelos de filas baseiam-se nos processos de nascimento e de morte. O mais simples deles é o modelo M/M/1, que mencionamos anteriormente. Como vimos, o processo de nascimento é modelado como um processo de Poisson (daí o primeiro M para *markoviano*) e o processo de morte é modelado como uma distribuição exponencial (o segundo M). O número 1 representa o número de servidores na fila.

Nesse modelo, as chegadas (ou nascimentos) são independentes entre si, e o mesmo vale para as saídas (ou mortes). A probabilidade de transição de um estado para outro é determinada exclusivamente pelo estado atual, sem nenhuma memória do histórico passado, o que torna o modelo M/M/1 um exemplo clássico de uma cadeia de Markov.

Exemplificando 3.2

Considere um pequeno café onde há apenas um barista servindo. Observa-se que, em média, chegam 3 clientes por hora ($\lambda = 3$ clientes/hora) e o barista leva em média 15 minutos para atender cada cliente, o que corresponde a uma taxa de serviço de $\mu = 4$ clientes/hora (pois 60 minutos/15 minutos por cliente = 4 clientes/hora).

Vamos ilustrar um período específico de 2 horas durante um dia de funcionamento do café para entender melhor como os conceitos são aplicados:

- **Hora 1**: O café recebe um total de 4 clientes. O tempo entre as chegadas desses clientes segue uma distribuição exponencial, indicando que são eventos aleatórios e independentes. Por exemplo, os clientes podem chegar aos 10, 25, 40 e 55 minutos da primeira hora.

- **Hora 2**: Chegam mais 2 clientes, um no início e outro no meio da hora. Os tempos entre as chegadas continuam seguindo a distribuição exponencial.

Durante essas 2 horas, o barista atende os clientes seguindo uma distribuição exponencial de tempo de serviço. Suponha que os tempos de serviço para os primeiros 4 clientes sejam, respectivamente, 12, 18, 10 e 20 minutos.

No início, a fila começa vazia. O primeiro cliente é atendido imediatamente, ficando na fila por 12 minutos. Quando o segundo cliente chega, o barista ainda está ocupado, então o cliente espera. Esse ciclo continua, com cada cliente entrando na fila e esperando sua vez se o barista estiver ocupado.

Vamos analisar o estado do sistema após 2 horas:

- **Número de clientes atendidos**: 6 (todos os clientes que chegaram foram atendidos).
- **Tempo médio na fila**: Vamos supor que os clientes tenham esperado, em média, 5 minutos antes de serem atendidos.
- **Cliente na fila no final de 2 horas**: 0, pois a taxa de chegada é menor do que a taxa de serviço ($\lambda < \mu$), tornando a fila estável.

Esse exemplo demonstra como os processos de Poisson e a distribuição exponencial são aplicados para modelar as chegadas e os tempos de serviço em um sistema de fila simples. A estabilidade da fila, garantida pela condição $\lambda < \mu$, assegura que, ao longo do tempo, todos os clientes serão atendidos sem que a fila cresça indefinidamente.

Para compreender melhor a teoria das filas e seu comportamento, pode ser útil criar uma simulação. Aqui está um exemplo de um código Python simples para simular uma fila M/M/1. Esse código utiliza a biblioteca Numpy para gerar os tempos de chegada e de serviço, que são modelados como um processo de Poisson e uma distribuição exponencial, respectivamente. Vejamos:

Código Python: Simulação de sistema de filas M/M/1

```python
import numpy as np # Importa a biblioteca numpy para operações matemáticas e geração de números aleatórios.

# Define os parâmetros principais do sistema de fila.
taxa_chegada = 5 # Lambda: taxa média de chegada de clientes por unidade de tempo.
taxa_servico = 6 # Mu: taxa média de serviço (quantos clientes podem ser atendidos por unidade de tempo).
tempo_simulacao = 10000 # Define o tempo total de simulação.
```

```python
# Inicializa as variáveis de simulação.
tempo_chegada = np.random.exponential(1/taxa_chegada) # Gera o tempo para a próxima chegada de cliente.
tempo_servico = np.inf # Inicializa o tempo de serviço como infinito, pois não há cliente sendo atendido no início.
fila = 0 # Inicializa o número de clientes na fila como 0.
tempos_fila = [] # Lista para armazenar o número de clientes na fila ao longo do tempo.
ocupacao_servidor = [] # Lista para armazenar a ocupação do servidor (0 ou 1) ao longo do tempo.

# Loop para simular o comportamento da fila ao longo do tempo.
for t in np.arange(0, tempo_simulacao, 0.01): # Itera pelo tempo de simulação com incrementos de 0.01.
    if tempo_chegada < tempo_servico: # Se ocorrer uma chegada de cliente.
        t = tempo_chegada # Atualiza o tempo atual para o tempo de chegada.
        tempo_chegada += np.random.exponential(1/taxa_chegada) # Gera o próximo tempo de chegada.
        fila += 1 # Incrementa o número de clientes na fila.
        if fila == 1: # Se for o primeiro cliente na fila, inicia o serviço.
            tempo_servico = t + np.random.exponential(1/taxa_servico) # Gera o tempo de serviço para esse cliente.
    else: # Se ocorrer uma finalização de serviço.
        t = tempo_servico # Atualiza o tempo atual para o tempo de serviço.
        fila -= 1 # Decrementa o número de clientes na fila.
        if fila > 0: # Se ainda houver clientes na fila, gera o próximo tempo de serviço.
            tempo_servico += np.random.exponential(1/taxa_servico)
        else: # Se a fila estiver vazia, define o tempo de serviço como infinito.
            tempo_servico = np.inf
    tempos_fila.append(fila) # Armazena o estado atual da fila.
    ocupacao_servidor.append(min(1, fila)) # Armazena a ocupação do servidor (0 se vazio, 1 se ocupado).

# Calcula e imprime os resultados da simulação.
print('Número médio de clientes na fila: ', np.mean(tempos_fila)) # Calcula a média de clientes na fila.
print('Taxa de ocupação do servidor: ', np.mean(ocupacao_servidor)) # Calcula a taxa média de ocupação do servidor.
```

O código citado fornece dois resultados importantes: o número médio de clientes na fila e a taxa de ocupação do servidor.

O número médio de clientes na fila é a métrica que indica quantos clientes estão, em média, na fila, incluindo aquele que está sendo atendido. Isso é útil para entender o volume de clientes com o qual o sistema pode estar lidando em qualquer momento e pode ajudar na tomada de decisões sobre a necessidade de adicionar mais servidores ou encontrar maneiras de acelerar o serviço.

A taxa de ocupação do servidor é a métrica que indica a fração do tempo em que o servidor está ocupado. É calculada como a razão entre o tempo que o servidor passa atendendo clientes e o tempo total de simulação. Uma taxa de ocupação próxima de 1 indica que o servidor está frequentemente ocupado e pode haver um risco de sobrecarga. Uma taxa de ocupação mais baixa pode indicar que o sistema tem capacidade suficiente para lidar com o volume atual de clientes.

A simulação permite analisar o comportamento de uma fila M/M/1 ao longo do tempo e calcular esses indicadores. É importante lembrar, no entanto, que os resultados de uma simulação podem variar e também não refletir precisamente a realidade em todos os casos, especialmente, se a taxa de chegada for próxima ou maior do que a taxa de serviço.

Outros modelos baseados em processos de nascimento e de morte incluem o M/M/k (em que k representa o número de servidores), o M/G/1 (em que G indica uma distribuição de tempo de serviço geral) e o G/M/1 (em que as chegadas seguem uma distribuição geral).

No modelo M/M/k, a letra M inicial indica que o processo de chegadas segue um processo de Poisson (markoviano), o segundo M indica que o tempo de serviço tem uma distribuição exponencial e k representa o número de servidores. É importante destacar que, em M/M/k, se k servidores estão ocupados, uma nova chegada terá de esperar na fila.

Nesse modelo, o número médio de clientes no sistema (L) pode ser calculado usando as probabilidades de estado estável do sistema. Essas probabilidades representam a chance de que o sistema esteja em um determinado estado (ou seja, com um determinado número de clientes) em longo prazo.

Para calcular essas probabilidades, podemos usar as fórmulas de Erlang C:

$$Lq = \frac{\rho \cdot \text{ErlangC}}{1 - \rho}$$

e

$$L = Lq + \rho$$

Em que:

- Lq é o número médio de clientes esperando na fila para serem atendidos e será calculado multiplicando a probabilidade de que um cliente tenha de esperar na fila (Erlang C) pela taxa de utilização do sistema (ρ) e dividindo pelo complemento da taxa de utilização ($1 - \rho$).
- A taxa de utilização (ρ) é a fração do tempo que os servidores estão ocupados atendendo clientes e será calculada dividindo a taxa de chegada (λ) pelo produto da taxa de serviço (μ) pelo número de servidores (k).
- L é o número médio de clientes no sistema, incluindo tanto os clientes que estão sendo atendidos quanto os que estão esperando na fila. Ele será calculado somando o número médio de clientes na fila (Lq) com a taxa de utilização do sistema (ρ).

Essas fórmulas nos permitem encontrar o desempenho do sistema em termos do número médio de clientes na fila e no sistema, o que é útil para avaliar a eficiência do sistema e tomar decisões sobre como melhorá-lo.

Aqui está um exemplo de código em Python que implementa o modelo M/M/k e calcula o número médio de clientes no sistema:

Código Python: Cálculo do número médio de clientes em um sistema M/M/k

```python
from math import factorial
def erlangC(k, ro):
    sum = 0
    for i in range(k):
        sum += (k * ro)**i / factorial(i)
    return ((k * ro)**k / (factorial(k) * (1 - ro))) / (sum + ((k * ro)**k / (factorial(k) * (1 - ro))))
def MMk(lam, mu, k):
    ro = lam / (mu * k)
    C = erlangC(k, ro)
    Lq = C * ro / (1 - ro)
    L = Lq + ro
    return L
# Exemplo: modelo M/M/2 com taxa de chegada λ=2 e taxa de serviço μ=3
L = MMk(2, 3, 2)
print(f"Número médio de clientes no sistema: {L:.2f}")
```

Esse código Python implementa o modelo M/M/k e calcula o número médio de clientes no sistema (L). Ele define duas funções: Erlang C e MMk.

A função Erlang C calcula a probabilidade de que um cliente tenha de esperar na fila antes de ser atendido (Erlang C) usando a fórmula de Erlang C. Ela leva como parâmetros o número de servidores (k) e a taxa de utilização do sistema (ρ).

A função MMk, por sua vez, usa essa probabilidade mais a taxa de chegada (λ), a taxa de serviço (μ) e o número de servidores (k), para calcular o número médio de clientes na fila (Lq) e o número médio de clientes no sistema (L) usando as fórmulas $Lq = \dfrac{(\rho \cdot ErlangC)}{(1-\rho)}$ e $(1-\rho)$. O código inclui um exemplo que usa a função MMk para calcular o número médio de clientes no sistema em um modelo M/M/2 com taxa de chegada $\lambda = 2$ e taxa de serviço $\mu = 3$. O resultado é impresso na tela.

Exercício resolvido 3.1

Análise de um sistema de filas M/M/4 em um supermercado

Em um supermercado, há quatro caixas abertos para atender os clientes. Precisamos analisar o funcionamento desse sistema de filas para entender melhor o fluxo de clientes e a eficiência dos caixas.

Calcule o número médio de clientes no sistema (L), considerando tanto os clientes sendo atendidos quanto os que estão na fila, com base nos seguintes dados:

- Taxa de chegada dos clientes (λ): 10 clientes por hora.
- Taxa de serviço de cada caixa (μ): 6 clientes por hora.

1. Defina o modelo: utilize um modelo M/M/4, em que:
   - M (primeiro) indica chegadas no processo de Poisson.
   - M (segundo) indica tempos de serviço com distribuição exponencial.
   - 4 representa o número de caixas (servidores) abertos.
2. Calcule a taxa de utilização (ρ): a taxa de utilização é a fração do tempo que cada caixa está ocupado. É calculada dividindo a taxa de chegada pela taxa de serviço multiplicada pelo número de caixas.

$$\rho = \frac{\lambda}{\mu k} = \frac{10}{(6)(4)}$$

Use a fórmula de Erlang C: a fórmula de Erlang C é usada para calcular a probabilidade de que um cliente recém-chegado tenha de esperar na fila.

$$C = ErlangC(k, \rho)$$

3. Calcule o número médio de clientes na fila (Lq): utilize a fórmula Erlang C para determinar:

$$Lq = \frac{C \times \rho}{1 - \rho}$$

4. Calcule o número médio de clientes no sistema (L): L é a soma de Lq mais a taxa de utilização:

$$L = Lq + \rho$$

Implementando em Python, temos:

Código Python: Simulação de sistema de filas M/M/k

```python
from math import factorial # Importa a função 'factorial' da biblioteca math para cálculos de fatorial.

# Define a função erlangC que calcula a fórmula de Erlang C, uma medida importante em teoria das filas.
def erlangC(k, ro):
    sum = 0 # Inicializa a variável para acumular a soma.
    for i in range(k): # Itera sobre o intervalo de 0 a k-1.
        sum += (k * ro)**i / factorial(i) # Acumula a soma dos termos da série.
    # Retorna o cálculo da probabilidade de que um cliente tenha que esperar (Erlang C).
    return ((k * ro)**k / (factorial(k) * (1 - ro))) / (sum + ((k * ro)**k / (factorial(k) * (1 - ro))))


# Define a função MMk que implementa o modelo de filas M/M/k.
def MMk(lam, mu, k):
    ro = lam / (mu * k) # Calcula a intensidade do tráfego (ro), que é a razão entre a taxa de chegada e a taxa de serviço total.
    C = erlangC(k, ro) # Calcula a fórmula de Erlang C utilizando os parâmetros 'k' e 'ro'.
    Lq = C * ro / (1 - ro) # Calcula o número médio de clientes na fila (Lq) usando Erlang C.
    L = Lq + ro # Calcula o número total médio de clientes no sistema (na fila e sendo atendidos).
    return L # Retorna o número médio total de clientes no sistema.
```

```
# Exemplo de uso da função MMk para um modelo M/M/4, que representa um
supermercado com 4 caixas.
# Taxa de chegada λ = 10 clientes por hora e taxa de serviço μ = 6 clien-
tes por hora por caixa.
L = MMk(10, 6, 4)

# Imprime o número médio de clientes no sistema, formatado com 2 casas
decimais.
print(f"Número médio de clientes no sistema: {L:.2f}")
```

Após a execução do código acima, obtemos o número médio de clientes no sistema (L) para um supermercado operando com quatro caixas abertos. Nesse modelo M/M/4, a taxa de chegada dos clientes é de $\lambda = 10$ clientes por hora, e a taxa de serviço de cada caixa é de $\mu = 6$ clientes por hora. O código utiliza as funções Erlang C e MMk para efetuar os cálculos necessários, levando em conta a taxa de chegada, a taxa de serviço e o número de caixas.

O resultado impresso na tela nos fornece uma métrica crucial para avaliar a eficiência do sistema de filas do supermercado, permitindo aos gestores compreender melhor o fluxo de clientes e tomar decisões informadas para otimizar o atendimento e minimizar o tempo de espera dos clientes.

O cálculo nos dá o número médio de clientes no sistema, que inclui os clientes sendo atendidos e os que esperam na fila. Esse número nos ajuda a entender se os caixas estão atendendo eficientemente à demanda ou se ajustes são necessários, como a abertura de mais caixas ou a implementação de medidas para acelerar o serviço.

Com base nos resultados, o gerenciamento do supermercado pode tomar decisões informadas para melhorar a satisfação do cliente e a eficiência operacional. Por exemplo, ajustar o número de caixas abertos durante picos de demanda pode ajudar a reduzir o tempo de espera dos clientes e melhorar a experiência de compra.

É importante destacar que esses modelos são apenas exemplos de como podemos aplicar a teoria de filas para modelar e analisar sistemas reais. Há muitos outros modelos que podem ser usados, dependendo da situação específica. É fundamental entender os princípios básicos da teoria de filas e como ela pode ser aplicada para melhorar o desempenho e a eficiência de diversos sistemas.

3.4 Modelos de filas com distribuições não exponenciais

Embora os modelos de filas baseados em distribuições exponenciais sejam muito comuns e úteis, eles não são apropriados para todas as situações. Em muitos casos, podemos encontrar sistemas de filas em que as distribuições de chegada e/ou de serviço não são exponenciais. Para essas situações, precisamos de modelos de filas mais gerais, que possam lidar com distribuições não exponenciais.

O modelo M/G/1 é uma generalização do modelo M/M/1, em que G indica que a distribuição do tempo de serviço pode ser qualquer distribuição, não necessariamente exponencial. Esse modelo permite maior flexibilidade na modelagem de sistemas de filas, pois podemos considerar tempos de serviço que seguem outras distribuições além da exponencial (Takagi, 1991).

O número médio de clientes na fila (Lq) e o número médio de clientes no sistema (L) podem ser calculados usando as fórmulas $Lq = \dfrac{\lambda(\sigma^2 + \lambda^2)}{2 \cdot (\mu - \lambda)}$ e $L = Lq + \dfrac{\lambda}{\mu}$, em que λ é a taxa de chegada, μ é a taxa de serviço e σ é o desvio-padrão do tempo de serviço

Exercício resolvido 3.2

Considere o pronto-socorro de um hospital, aonde pacientes chegam aleatoriamente e o tempo necessário para tratar cada paciente varia. Os pacientes chegam a uma taxa constante de 10 pacientes por hora e a equipe médica consegue atender, em média, 6 pacientes por hora. No entanto, devido à diversidade das condições médicas, o tempo de atendimento varia, com um desvio-padrão de 1,5 hora.

Utilize o modelo de filas M/G/1 para calcular o número médio de pacientes no sistema (L), que inclui tanto os pacientes em atendimento quanto os que aguardam na fila.

1. Defina os parâmetros:
   - Taxa de chegada (λ): 10 pacientes por hora.
   - Taxa de serviço (μ): 6 pacientes por hora.
   - Desvio-padrão do tempo de serviço (σ): 1,5 hora.
2. Aplique a fórmula M/G/1: utilize a fórmula do modelo M/G/1 para calcular o número médio de pacientes no sistema:

$$L = Lq + \frac{\lambda}{\mu}$$

em que Lq é o número médio de pacientes na fila, calculado por:

$$Lq = \frac{\lambda(\sigma^2 + \lambda^2)}{2 \cdot (\mu - \lambda)}$$

3. Transcreva toda essa estrutura em código Python da seguinte maneira:

Código Python: Simulação usando modelo M/G/1

```python
from math import sqrt
def MG1(lam, mu, sigma):
    Lq = (lam * sigma**2 + lam**2) / (2 * (mu - lam))
```

```
    L = Lq + lam / mu
    return L
# Exemplo: modelo M/G/1 para um pronto-socorro de hospital
# Taxa de chegada λ=10 pacientes por hora, taxa de serviço μ=6 pacientes
por hora e desvio padrão do tempo de serviço σ=1,5 hora
L = MG1(10, 6, 1.5)
print(f"Número médio de pacientes no sistema: {L:.2f}")
```

Aqui, a função MG1 calcula o número médio de entidades (neste caso, pacientes) no sistema de uma fila M/G/1. Ela recebe três parâmetros: *lam* (λ), que é a taxa de chegada; *mu* (μ), que é a taxa de serviço; e *sigma* (σ), que é o desvio-padrão do tempo de serviço.

Primeiro, a função calcula Lq, que é o número médio de entidades na fila (não sendo atendidas). Em seguida, ela calcula L, que é o número total médio de entidades no sistema (tanto em serviço quanto na fila). Finalmente, a função retorna 'L'.

O resultado, que é o número médio de pacientes no sistema, é então impresso[1]. O resultado obtido pelo código indica o número médio de pacientes no sistema. Esse valor nos ajuda a avaliar a carga de trabalho do pronto-socorro e a eficiência do atendimento. Se o valor for alto, indica que há muitos pacientes esperando, sugerindo a necessidade de otimizar o processo de atendimento ou aumentar a capacidade de atendimento.

Ao compreender o passo a passo da resolução, vemos como os conceitos teóricos de filas são aplicados em um cenário realista, ajudando a entender a importância da modelagem e da simulação em sistemas de saúde. O Exercício Resolvido 3.2 demonstra a aplicabilidade da teoria de filas na gestão hospitalar, fornecendo informações para melhorias operacionais.

Outro modelo é o G/M/1, uma versão do modelo M/G/1, em que as chegadas seguem qualquer distribuição, e os tempos de serviço seguem uma distribuição exponencial. Esse modelo é útil quando as chegadas não são perfeitamente regulares, ou seja, quando elas não seguem um processo de Poisson (Ross, 2006).

O número médio de clientes na fila (Lq) e o número médio de clientes no sistema (L) podem ser calculados usando as mesmas fórmulas do modelo M/G/1, mas com σ representando o desvio-padrão do tempo entre chegadas em vez do desvio-padrão do tempo de serviço.

Existem também modelos que lidam com distribuições gerais tanto para chegadas quanto para serviços, como o modelo G/G/1. Esses modelos são mais complexos e desafiadores de analisar, mas podem proporcionar uma descrição mais precisa de muitos sistemas

---

[1] Para verificar esses resultados, sugerimos o uso do Google Colab, que permitirá a compilação dos códigos Python de maneira *on-line*, sem a necessidade de instalação em máquina.

de filas do mundo real, como em uma linha de produção em uma fábrica, onde tanto as chegadas das peças quanto o tempo necessário para processar cada peça podem variar.

> ### Importante!
>
> Os modelos M/G/1 e G/M/1 são mais complexos do que os modelos baseados em distribuições exponenciais e requerem mais informações para serem resolvidos. Em particular, precisamos conhecer o desvio-padrão do tempo de serviço (para o modelo M/G/1) ou do tempo entre chegadas (para o modelo G/M/1) para calcular o número médio de clientes no sistema.

Assim, o estudo de filas envolve a análise de processos estocásticos, em particular, cadeias de Markov, e a modelagem de sistemas de filas com base em distribuições de probabilidades exponenciais e não exponenciais.

Para saber mais

A obra *Teoria das filas e da simulação* apresenta os conceitos e técnicas envolvidos nessas áreas. É uma referência importante para entender as aplicações práticas dessas ferramentas em sistemas com eventos discretos e aprofundar os conhecimentos a respeito desses temas.
PRADO, D. **Teoria das filas e da simulação**. 2. ed. Nova Lima: INDG, 2004.

> ### Síntese
>
> Neste capítulo, examinamos a teoria de filas. Vimos que a estrutura básica dos modelos de filas oferece um meio de caracterizar e entender como os clientes entram, interagem e saem de um sistema. Com modelos como M/M/1, M/M/k, M/G/1, G/M/1 e G/G/1, podemos representar sistemas que variam desde um único servidor, como um barista em um café, até sistemas mais complexos, como uma linha de produção em uma fábrica.
>
> Como demonstramos, a distribuição exponencial desempenha um papel fundamental na teoria de filas, visto que é frequentemente usada para modelar a chegada e o serviço dos clientes, dada sua propriedade de falta de memória.
>
> Apontamos também que a teoria de filas permite a utilização de outras distribuições para melhor representar sistemas reais.
>
> Também tratamos dos modelos de filas baseados nos processos de nascimento e morte e como modelos mais gerais, como G/G/1, permitem maior flexibilidade na modelagem de sistemas de filas. Eles permitem que tanto as chegadas quanto os tempos de serviço sigam qualquer distribuição, proporcionando uma melhor representação de sistemas complexos.

> A teoria de filas é, portanto, uma ferramenta de apoio à gestão de recursos em um ambiente organizacional porque permite modelar o fluxo de clientes por meio de um sistema e avaliar diferentes estratégias para melhorar a eficiência e o desempenho. Com ela, podemos analisar diferentes cenários, minimizando os riscos e aumentando a eficiência do sistema.

Questões para revisão

1) O que é a estrutura básica dos modelos de filas?

2) Qual é o papel da distribuição exponencial na teoria de filas?

3) Assinale a alternativa que indica corretamente o que é o processo de nascimento e morte em teoria de filas:

   a. O processo que descreve a criação e a destruição de filas.
   b. O processo que modela a chegada (nascimento) e a saída (morte) de clientes em um sistema de filas.
   c. O processo que modela o tempo de espera na fila.
   d. O processo que determina o tamanho ideal da fila.
   e. O processo que analisa a probabilidade de transição entre os estados do sistema de fila.

4) Assinale a alternativa que indica corretamente para que são usados os modelos de filas baseados nos processos de nascimento e morte:

   a. Para determinar o tamanho ideal da fila.
   b. Para modelar o tempo de espera na fila.
   c. Para modelar o fluxo de clientes através de um sistema.
   d. Para prever o número de clientes na fila.
   e. Para analisar a estabilidade e o desempenho de sistemas de filas com múltiplos servidores ou fases.

5) Assinale a alternativa que indica corretamente o que são modelos de filas com distribuições não exponenciais:

   a. Modelos que permitem que tanto as chegadas quanto os tempos de serviço sigam qualquer distribuição.
   b. Modelos que usam apenas a distribuição exponencial para modelar a chegada e o serviço dos clientes.
   c. Modelos que determinam o tamanho ideal da fila.
   d. Modelos que preveem o número de clientes na fila.
   e. Modelos que incorporam distribuições variadas para capturar comportamentos mais complexos e realistas de chegadas e serviços.

Questões para reflexão

Considere os modelos de filas M/G/1 e G/M/1, em que M representa processos com chegadas ou serviços seguindo uma distribuição de Poisson (markoviana), G indica uma distribuição geral (não necessariamente exponencial) para chegadas ou serviços, e 1 denota um único servidor. O modelo M/G/1 é utilizado quando temos chegadas de Poisson com tempos de serviço variáveis, enquanto o G/M/1 aplica-se a chegadas irregulares com tempos de serviço exponenciais.

Refletindo sobre esses modelos, responda às seguintes questões:

1) Como a introdução de uma distribuição geral (G) para chegadas ou serviços afeta a complexidade e a aplicabilidade dos modelos M/G/1 e G/M/1 em comparação com o modelo M/M/1 mais simples?

2) Quais são os possíveis desafios e limitações ao aplicar o modelo M/G/1 em um sistema real, como uma clínica médica, considerando a variabilidade dos tempos de serviço para diferentes pacientes?

3) No contexto de um sistema de filas como um ponto de táxi, como a irregularidade nas chegadas (modelo G/M/1) pode impactar o planejamento e a gestão desse serviço?

4) Como as diferenças fundamentais entre os modelos M/G/1 e G/M/1 influenciam as estratégias para melhorar a eficiência e a satisfação do cliente nos sistemas que eles modelam?

Conteúdos do capítulo:
- Técnicas de modelagem e de simulação.
- Coleta e análise de dados para simulação
- Implementação de modelos de simulação.
- Validação e verificação de modelos.
- Análise de resultados e tomada de decisão.

Após o estudo deste capítulo, você será capaz de:
1. aplicar os fundamentos da modelagem e simulação de sistemas em diversas áreas, incluindo negócios, engenharia e medicina;
2. aplicar técnicas de coleta e análise de dados para desenvolver modelos de simulação precisos e relevantes;
3. desenvolver habilidades para construir e validar modelos de simulação, garantindo que eles sejam representações fiéis dos sistemas reais;
4. utilizar simulações para explorar diferentes cenários e tomar decisões informadas.

4
Modelagem, simulação e implementação de projetos

4.1 Introdução à modelagem e à simulação de sistemas

A modelagem e a simulação de sistemas são abordagens aplicadas em diversas **áreas do conhecimento**, contribuindo para a melhor compreensão dos fenômenos e permitindo a análise de estratégias e tomada de decisões em cenários complexos e incertos (Arenales et al., 2007; Andrade, 2002). Essas técnicas se apoiam em fundamentos provenientes de várias áreas do conhecimento, como matemática, estatística, ciência da computação e engenharia.

A simulação é uma ferramenta importante, pois possibilita a análise de um sistema ou processo em um ambiente controlado, sem a necessidade de intervir diretamente no sistema real. Com ela, é possível avaliar diversas estratégias e escolher aquela que fornece os melhores resultados, levando em consideração fatores como riscos, custos e benefícios (Hillier; Lieberman, 2006).

A modelagem de sistemas, por sua vez, envolve a criação de um modelo computacional que represente o sistema real, com base em seus aspectos e comportamentos fundamentais. Por meio dessa modelagem, é possível simular diferentes cenários e analisar os resultados para cada um deles, auxiliando na tomada de decisão.

Existem diversos tipos de simulação, cada um deles adequado para um conjunto específico de problemas. O uso apropriado da simulação depende de um entendimento sólido dos componentes que compõem um modelo de simulação e do processo de simulação em si.

Diversas disciplinas, como negócios, engenharia e medicina, têm se beneficiado amplamente da simulação. Em cada uma dessas áreas, a simulação fornece uma plataforma robusta para testar hipóteses, avaliar alternativas, treinar pessoal e otimizar processos (Banks et al., 2005).

Na área de negócios, por exemplo, a simulação é frequentemente usada para otimizar operações, como ajustar uma linha de produção em uma fábrica, planejar rotas de entrega eficientes ou prever o impacto de diferentes estratégias de precificação, possibilitando que os gestores tenham mais informações e embasamento na tomada de decisões (Hillier; Lieberman, 2006).

Modelos de simulação também são importantes em finanças, para avaliar riscos e retornos de investimentos sob diferentes condições de mercado (Ross, 2006).

Na engenharia, a simulação pode ser usada para testar novos projetos antes de sua implementação. Os engenheiros podem usar modelos de simulação para identificar problemas potenciais, avaliar a viabilidade de diferentes soluções e otimizar o desempenho dos sistemas. Por exemplo, na engenharia civil, a simulação pode ser usada para avaliar o impacto de diferentes *designs* de infraestruturas e, na engenharia elétrica, pode ser usada para otimizar redes de distribuição de energia (Zeigler; Praehofer; Kim, 2000).

A medicina é outra área em que a simulação tem desempenhado papel-chave, visto que é bastante usada para treinar profissionais de saúde, permitindo-lhes praticar procedimentos complexos em um ambiente seguro, antes de aplicá-los em pacientes reais (Pidd, 2004). Além disso, a simulação é usada na pesquisa médica, por exemplo, para modelar a propagação de doenças ou para prever o impacto de diferentes estratégias de tratamento (Sokolowski; Banks, 2011).

É importante salientar que, em geral, classificamos as simulações em simulações de eventos discretos ou eventos contínuos, como já abordados no Capítulo 1. Contudo, também temos a chamada *simulação baseada em agentes* (SBA), que tem crescido nos últimos anos, principalmente quando os modelos envolvem sistemas complexos.

Essa técnica centra-se na representação individual de entidades autônomas, denominadas *agentes*, que têm características distintas e operam de acordo com regras de comportamento específicas. Por meio da SBA, é possível representar a heterogeneidade e as interações dinâmicas presentes em diversos sistemas.

Na pesquisa de Gonçalves (2014), intitulada "Simulação da movimentação de pedestres assumindo variáveis psicocomportamentais", a movimentação de pedestres é analisada sob a ótica da SBA, considerando-se variáveis comportamentais que levam os agentes a serem mais racionais, experimentais, emotivos ou protetores. Gonçalves (2014) enfatiza a relevância dessas variáveis na obtenção de simulações que se aproximem da realidade, demonstrando a necessidade de sua incorporação para uma análise mais acurada do comportamento dos pedestres.

No âmbito da inteligência artificial, a SBA é reconhecida por permitir a concepção de agentes autônomos, com capacidades decisórias, aprendizado e adaptação baseados em suas interações e experiências, conforme discutido por Russel e Norvig (2004). Essa abordagem propicia simulações avançadas, nas quais agentes podem evoluir e se adaptar, proporcionando uma compreensão mais aprofundada do sistema em análise.

Um exemplo de SBA pode ser encontrado na modelagem do tráfego urbano. Nesse caso, cada carro ou pedestre é modelado como um agente individual, cada um com seu próprio destino e comportamento de condução. A interação complexa entre esses agentes pode, então, ser simulada para analisar padrões de tráfego, otimizar semáforos ou planejar novas infraestruturas de transporte.

Além da modelagem de tráfego, a SBA tem sido utilizada para estudar diversos fenômenos sociais. Um exemplo é o modelo de segregação de Schelling, que investiga como interações simples entre agentes podem levar a padrões de segregação não intencionais em comunidades. Assim como no tráfego urbano, a ideia é entender como comportamentos individuais podem resultar em padrões coletivos complexos.

> **PARA SABER MAIS**
>
> A biblioteca *Mesa*, do Python, é muito útil para simulações baseadas em agentes. A Mesa permite que os usuários criem rapidamente modelos baseados em agentes utilizando componentes centrais integrados (como grades espaciais e agendadores[1] de agentes) ou implementações personalizadas; que os visualize usando uma interface baseada em navegador; e que analisem seus resultados usando as ferramentas de análise de dados do Python. Como a implementação completa de um modelo de segregação de Schelling usando Mesa é um pouco longa, sugerimos a busca de um exemplo completo na documentação da Mesa:
>
> SCHELLING MODEL. Disponível em: <https://github.com/projectmesa/mesa-schelling-example>. Acesso em: 17 fev. 2024.

Da mesma forma que a análise de decisão, a modelagem e a simulação de sistemas requerem coleta e tratamento cuidadoso de informações, avaliação de opções e tomada de decisões embasada em evidências. Adicionalmente, devemos considerar o papel das heurísticas e vieses cognitivos que podem influenciar esses processos. Essa etapa também pode ser chamada de *projeto de simulação*.

Os projetos de simulação oferecem a capacidade de explorar uma gama de cenários, aprimorando a confiabilidade e a eficácia da tomada de decisões (Law; Kelton, 1999). Como tal, eles exigem uma abordagem cuidadosa para coleta de dados e elaboração de cenários alternativos.

Apesar da diversidade de aplicações, todas as simulações compartilham certos elementos fundamentais, como a construção de um modelo que representa o sistema real, a execução desse modelo sob diferentes condições e a análise dos resultados (Balci, 1994). As habilidades necessárias para desenvolver essas tarefas – coleta e tratamento de dados, modelagem de sistemas, testes de validação e análise de resultados, elaboração de cenários alternativos e implementação – são as mesmas que temos explorado ao longo deste livro.

Vamos analisar cuidadosamente essas etapas.

---

1 Diferentes agentes podem precisar agir em momentos diferentes ou de maneira sequencial ou simultânea, dependendo das regras do modelo. O agendador é responsável por organizar essa sequência de ações de forma lógica e consistente com os objetivos da simulação. Isso é essencial para garantir que a simulação seja executada de forma justa e precisa, permitindo que os pesquisadores observem como as interações entre agentes evoluem ao longo do tempo.

4.2 Coleta de dados

A coleta de dados é uma etapa fundamental em qualquer projeto de simulação. Como mencionado por Banks et al. (2005), a qualidade dos dados coletados pode ter um impacto significativo na precisão e na validade dos resultados da simulação. É essencial, portanto, que os dados sejam coletados de maneira sistemática e rigorosa.

Existem duas principais fontes de dados para um projeto de simulação: dados primários e dados secundários.

Os dados primários são coletados diretamente do sistema que está sendo simulado. Isso pode envolver a realização de experimentos ou a observação direta do sistema em operação. Por exemplo, em um projeto de simulação de uma linha de produção, os dados primários podem incluir o tempo de ciclo operacional, os dados de *lead time*, os tempos de preparação de máquina, as taxas de defeito e os tempos de inatividade do equipamento.

Os dados secundários são informações já coletadas por outra pessoa ou organização e podem incluir dados de estudos anteriores, bancos de dados governamentais ou relatórios da indústria. No exemplo de simulação de uma linha de produção, os dados secundários podem consistir em informações sobre padrões de tráfego de fornecedores, dados demográficos da força de trabalho e outros dados relevantes que já foram registrados e podem ser aproveitados para o projeto de simulação.

Antes de iniciar a coleta, é fundamental entender o que desejamos alcançar com a simulação e, consequentemente, que tipo de dados é necessário. Dependendo do sistema em estudo, diferentes métodos podem ser mais adequados. Por exemplo, observações diretas podem ser ideais para estudar tempos de ciclo, e entrevistas podem ser melhores para entender decisões humanas. Após a coleta, é essencial validar os dados para garantir sua precisão e sua relevância. Isso pode envolver comparação com outras fontes, verificação de consistência ou análises estatísticas.

O processo de coleta de dados precisa ser sistemático e metódico para garantir a validade e a confiabilidade dos dados. Algumas das melhores práticas envolvem definir claramente o que precisa ser medido, identificar a fonte dos dados, decidir sobre os métodos de coleta de dados e estabelecer procedimentos para verificar e validar os dados coletados (Balci, 1994).

Por exemplo, se estivermos modelando o tempo de espera em uma fila de supermercado, precisaremos coletar dados sobre o número de clientes chegando por hora, o número de caixas abertos, o tempo médio necessário para atender a um cliente, entre outros. Podemos coletar esses dados observando a fila do supermercado durante várias horas e registrando as informações relevantes. Vale ressaltar, porém, que a escolha da técnica de simulação também desempenha um papel importante. Embora a teoria de filas seja uma abordagem comum nesses cenários, em situações em que a variabilidade temporal desempenha um papel crítico, a simulação de Monte Carlo pode ser preferível. No próximo capítulo, trataremos da simulação de Monte Carlo.

O uso de Python para a coleta de dados é uma boa escolha porque diversas bibliotecas podem ser utilizadas, como a Pandas, para a manipulação e a análise de dados; a NumPy, para operações numéricas; e a Scrapy ou a BeautifulSoup, para a raspagem de dados da *web*.

Suponha que temos um conjunto de dados armazenados em um arquivo *comma-separated values* (CSV)[2] que contém informações sobre o número de clientes chegando por hora em um supermercado. O pseudocódigo para obter esse resultado seria:

- Abra o arquivo CSV.
- Leia os dados do arquivo.
- Calcule a média e o desvio-padrão dos dados.
- Imprima a média e o desvio-padrão.

Podemos usar a biblioteca do Pandas (Python) para ler os dados do arquivo e calcular a média e o desvio-padrão da chegada de clientes por hora.

Devemos nos certificar de ter a biblioteca Pandas instalada. Caso não esteja instalada, isso pode ser feito usando:

Código Python: Instalação do Pandas

```
!pip install pandas
```

O Pandas é uma biblioteca de *software* popular que permite a manipulação e a análise de dados em Python. Ele oferece estruturas de dados e operações flexíveis e eficientes para manipular tabelas numéricas e séries temporais.

Assim, teremos:

Código Python: Estratégia de coleta e análise de dados para simulação

```
import pandas as pd
# Ler os dados do arquivo CSV
data = pd.read_csv('clientes.csv')
# Calcular a média e o desvio padrão
media = data['Clientes_por_hora'].mean()
desvio_padrao = data['Clientes_por_hora'].std()
print(f'Média: {media}, Desvio padrão: {desvio_padrao}')
```

---

2 *Comma-Separated Values* (CSV) é um formato de arquivo usado para armazenar dados tabulares, em que cada linha corresponde a uma entrada de dados e as colunas são separadas por vírgulas. Esse formato é muito utilizado por sua simplicidade e compatibilidade com várias aplicações, incluindo planilhas eletrônicas e bancos de dados.

Com esses dados, podemos começar a modelar a chegada de clientes por hora como uma variável aleatória com distribuição normal, por exemplo, podemos estruturar o seguinte pseudocódigo para esse caso.

- Defina a média e o desvio-padrão da variável aleatória.
- Gere um número aleatório com distribuição normal.
- Use o número aleatório para modelar a chegada de clientes por hora.

Em Python, ficará assim:

Código Python: Modelagem de chegada de clientes com distribuição normal

```python
import random
# Defina a média e o desvio padrão da variável aleatória.
media = 10
desvio_padrao = 2
# Gere um número aleatório com distribuição normal.
numero_aleatorio = random.gauss(media, desvio_padrao)
# Use o número aleatório para modelar a chegada de clientes por hora.
numero_clientes = int(numero_aleatorio)
print(f'Número de clientes por hora: {numero_clientes}')
```

A coleta de dados não está isenta de desafios. Em alguns casos, pode ser difícil obter acesso aos dados necessários, em razão de restrições de privacidade, falta de registros ou outros obstáculos. A qualidade dos dados é outro desafio, pois, algumas vezes, dados imprecisos ou irrelevantes podem levar a conclusões errôneas. Em sistemas complexos, a quantidade de dados pode ser volumosa e exigir o uso de ferramentas e técnicas adequadas para gerenciar e analisar grande número de dados.

Com os dados em mãos, podemos prosseguir para os próximos passos do projeto de simulação, que são a modelagem do sistema e a simulação em si.

4.3 Modelagem

A etapa de modelagem é quando transformamos a realidade em uma representação simplificada, que pode ser usada para estudar o comportamento do sistema em questão (Law; Kelton, 1999). A modelagem pode ser a diferença entre uma simulação bem-sucedida, que oferece informações sobre o sistema, e uma simulação que não traz resultados significativos.

A modelagem de um sistema envolve a criação de representações abstratas, simplificadas e compreensíveis de sistemas complexos do mundo real para facilitar a análise, a compreensão e a previsão do comportamento do sistema. Essas representações podem ser matemáticas, físicas, simbólicas ou computacionais e são desenvolvidas com o objetivo de estudar como os diversos componentes do sistema interagem entre si e com o ambiente externo.

Ao modelar um sistema, não estamos simplesmente copiando a realidade, mas interpretando-a por meio de um conjunto de regras e equações que representam suas características essenciais. Essa interpretação nos permite replicar o comportamento do sistema e, posteriormente, fazer experimentos sobre ele.

A complexidade do modelo depende da natureza do sistema que estamos modelando e dos objetivos do projeto de simulação, como já indicamos. Em alguns casos, um modelo simples pode ser suficiente para atingir nossos objetivos; em outros casos, podemos precisar de um modelo mais complexo, que leve em consideração uma maior quantidade de variáveis e interações (Zeigler; Praehofer; Kim, 2000).

Para criar um modelo de simulação eficaz, é essencial definirmos, cuidadosamente, vários componentes, que formam a estrutura que dá vida ao modelo e permite que ele reflita adequadamente o sistema que está sendo simulado (Robinson, 2014).

Exemplificando 4.1

O primeiro passo é definir o sistema que será simulado, o que exige entender o sistema em um nível fundamental, incluindo suas características essenciais, o ambiente em que opera e os principais fatores que influenciam seu comportamento (Banks et al., 2005).

Como exemplo do que seria a definição do sistema, vamos considerar um gerente de operações de uma cadeia de *fast food* que pretende melhorar a eficiência do atendimento ao cliente durante o horário de pico. O sistema, nesse caso, pode ser a fila de clientes que aguardam para fazer um pedido, incluindo clientes entrando na fila, a interação deles com o atendente e, finalmente, saindo da fila com o pedido.

O segundo passo é a formulação de hipóteses sobre o sistema. Essas hipóteses servem como suposições que orientam a construção do modelo de simulação. Elas devem ser baseadas em uma compreensão sólida do sistema e devem ser testáveis (Sokolowski; Banks, 2011).

Algumas hipóteses podem ser levantadas com base na observação do sistema. Por exemplo, podemos supor que o tempo médio que um cliente gasta na fila é diretamente proporcional ao número de clientes na fila. Outra hipótese pode ser que a adição de um atendente extra durante o horário de pico reduziria o tempo de espera na fila.

Depois de definir o sistema e formular hipóteses, precisamos selecionar as variáveis de entrada e de saída. As variáveis de entrada são aquelas que controlamos ou alteramos durante a simulação, e as variáveis de saída são os resultados ou comportamentos que estamos interessados em analisar (Pidd, 2004).

Ainda considerando o exemplo do *fast food*, as variáveis de entrada podem incluir o número de clientes que entram na loja por minuto, o número de atendentes disponíveis e o tempo que um atendente leva para atender a um pedido. As variáveis de saída podem incluir o tempo total gasto por um cliente na fila e o número total de clientes atendidos durante um determinado período.

A próxima etapa envolve estabelecer relações entre as variáveis de entrada e de saída. Essas relações são frequentemente expressas em termos de equações matemáticas, mas podem envolver também regras mais qualitativas ou baseadas em comportamentos (Law; Kelton, 1999).

As relações podem ser estabelecidas por meio de experimentos ou com base em dados históricos. Por exemplo, podemos encontrar uma relação entre o número de clientes na fila e o tempo de espera, ou pode haver uma relação entre o número de atendentes e o número de clientes atendidos por hora.

Finalmente, é preciso definir os critérios de parada para a simulação. Isso pode incluir o tempo de execução da simulação, o alcance de um estado específico do sistema ou o cumprimento de algum outro critério definido pelo usuário (Andrade, 2002).

O critério de parada pode ser um tempo fixo. por exemplo, o término do horário de pico, ou pode se referir a quando certo número de clientes foi atendido.

Após a construção do modelo, é fundamental verificar se ele está funcionando conforme o esperado (verificação) e se ele é uma representação precisa do sistema real (validação). A verificação garante que o modelo foi construído corretamente, enquanto a validação garante que as suposições e os resultados do modelo estão alinhados com a realidade. Para isso, é comum usar dados históricos, testes de sensibilidade e comparações com outros modelos ou sistemas reais.

Após simular o tempo de espera na fila de um *fast food*, podemos comparar os resultados da simulação com os dados reais coletados durante o horário de pico para validar a precisão do modelo. Além disso, podemos fazer testes de sensibilidade, alterando parâmetros do modelo para verificar se ele responde de maneira lógica e consistente.

Se observarmos, por exemplo, que o tempo médio de atendimento é consistentemente mais longo na simulação do que na realidade, pode ser necessário ajustar esse parâmetro no modelo. É necessária, portanto, nesse caso, a etapa de calibração do modelo, quando ajustamos os parâmetros do modelo para que ele se alinhe mais de perto com os dados observados.

A análise de sensibilidade investiga como as mudanças nas variáveis de entrada afetam as saídas. Isso ajuda a entender quais fatores têm o maior impacto no sistema. Por exemplo, analisar como pequenas variações no número de clientes que entram na loja ou no tempo de atendimento afetam o tempo total de espera.

Na sequência, vamos resolver um exercício que permitirá um melhor entendimento do processo de modelagem de sistemas[3].

Exercício resolvido 4.1

Se estamos modelando uma fila de supermercado, como mencionado na seção anterior, precisaremos definir a forma como os clientes chegam (entrada no sistema), o processo de atendimento (processamento no sistema) e a maneira como eles deixam o sistema (saída do sistema). Para representar a chegada de clientes, podemos usar uma distribuição de Poisson, que é comumente usada para modelar eventos que ocorrem aleatoriamente ao longo do tempo, como já vimos em capítulo anterior.

Um pseudocódigo para a etapa de modelagem em um projeto de simulação ficaria assim:

1. Defina os objetivos do projeto de simulação.
2. Colete dados sobre o sistema que está sendo modelado.
3. Desenvolva um modelo do sistema que capture suas características essenciais.
4. Valide o modelo, comparando-o com dados do sistema real.
5. Refine o modelo conforme necessário.

Considerando que já temos a média de chegada de clientes por hora (*media*) e o desvio-padrão (*desvio_padrao*) em código Python, que foram calculados na seção anterior, podemos definir a chegada de clientes em nossa simulação da seguinte forma:

1. Defina a média de chegada de clientes por hora.
2. Defina o desvio-padrão da chegada de clientes por hora.
3. Gere um número aleatório com distribuição de Poisson.
4. Use o número aleatório para modelar a chegada de clientes por hora.

---

[3] Ao criar um modelo de simulação, é importante considerar as ferramentas e os *softwares* disponíveis. Existem várias ferramentas de simulação no mercado, desde *softwares* comerciais até soluções de código aberto. A escolha da ferramenta adequada depende da complexidade do sistema, do tipo de simulação e do orçamento disponível. Algumas ferramentas populares incluem Simul8, AnyLogic e Arena.

Em Python, teremos:

Código Python: Simulação de chegadas de clientes por hora

```python
import numpy as np
# Número de horas para simular
horas = 10
# Definir a média
media = 5
# Gerar chegadas de clientes para cada hora
chegadas = np.random.poisson(media, horas)
print(chegadas)
```

Em seguida, precisamos modelar o tempo de atendimento de cada cliente. Podemos usar uma distribuição exponencial para isso, que é comumente usada para modelar o tempo entre eventos em um processo de Poisson.

Supondo que temos uma média de atendimento de cinco minutos por cliente (media_atendimento), podemos modelar o tempo de atendimento da seguinte forma:

1. Defina a média de atendimento por cliente.
2. Gere um número aleatório com distribuição exponencial.
3. Use o número aleatório para modelar o tempo de atendimento de um cliente.

Em Python:

Código Python: Tempos de atendimento de clientes

```python
# Definir a média de atendimento por cliente
media_atendimento = 5 / 60 # Convertendo minutos para horas
# Gerar tempo de atendimento para cada cliente
atendimento = np.random.exponential(media_atendimento, chegadas.sum())
print(atendimento)
```

Esses códigos vão gerar e imprimir uma lista das chegadas de clientes a cada hora durante 10 horas e o tempo de atendimento para cada cliente, respectivamente.

Em última análise, nosso objetivo com a modelagem é criar uma representação do sistema que seja simples o bastante para ser tratável e suficientemente complexa para capturar as características essenciais do sistema. O equilíbrio entre simplicidade e complexidade é um dos principais desafios da modelagem de sistemas.

Depois de ter o modelo, a próxima etapa é validá-lo, que será o foco da próxima seção. A validação do modelo é uma parte central do projeto de simulação, pois nos ajuda a garantir que nosso modelo é uma representação precisa do sistema real.

4.4 Testes de validação do modelo

A construção de um modelo é apenas uma parte do processo de simulação. Como já afirmamos, uma vez que o modelo é construído, é importante verificar se ele é uma representação válida do sistema que está sendo estudado. Essa é a fase de validação do modelo, a qual envolve a verificação de que o modelo de simulação está operando como esperado e que seus resultados são precisos e confiáveis (Sargent, 2013).

A validação do modelo pode ser feita de várias maneiras, dependendo da natureza do sistema que está sendo simulado e dos dados disponíveis. Uma abordagem comum é comparar os resultados da simulação com os dados reais do sistema. Por exemplo, no caso da simulação da fila de supermercado mencionada anteriormente, podemos comparar as estimativas da simulação do tempo médio de espera na fila e o número médio de clientes na fila com os dados reais coletados no supermercado.

Um método formal para fazer essa comparação é o teste de hipóteses. Nesse contexto, a hipótese nula (H0) é que não há diferença significativa entre os resultados da simulação e os dados reais. O objetivo do teste de hipóteses é determinar se podemos rejeitar a hipótese nula em favor da hipótese alternativa (H1), que é a de haver uma diferença significativa entre os resultados da simulação e os dados reais.

> ### O QUE É
>
> Definição: testes de hipóteses são procedimentos estatísticos que determinam se há evidência suficiente em uma amostra de dados para inferir que uma certa condição é verdadeira para toda a população. O teste confronta a hipótese nula (H0), que representa uma teoria de não efeito ou *status quo*, com a hipótese alternativa (H1), que sugere um novo efeito ou uma diferença.

Por exemplo, suponhamos que, de acordo com os dados reais, o tempo médio de espera na fila seja de 10 minutos, com um desvio-padrão de 2 minutos. Com base na simulação, estimamos que o tempo médio de espera na fila seja de 11 minutos, com um desvio-padrão de 2 minutos.

Agora, queremos testar a hipótese nula de que a diferença entre o tempo médio de espera na fila estimado pela simulação e o tempo médio de espera na fila nos dados reais é zero. Usamos o teste t para isso, e a estatística do teste t é calculada da seguinte forma:

$$t = \frac{\left(\text{média}_{\text{simulação}} - \text{média}_{\text{real}}\right)}{\sqrt{\dfrac{\text{desvio-padrão}^2_{\text{simulação}}}{n_{\text{simulação}}} + \dfrac{\text{desvio-padrão}^2_{\text{real}}}{n_{\text{real}}}}}$$

Em que $n_{\text{simulação}}$ e n_{real} são o número de observações da simulação e dos dados reais, respectivamente.

A fórmula calcula a diferença entre as duas médias e divide essa diferença pela raiz quadrada da soma das variâncias das duas amostras (cada uma dividida pelo respectivo tamanho da amostra). O resultado é um valor *t*, que pode ser usado para determinar se a diferença entre as duas médias é estatisticamente significativa.

Se o valor absoluto de *t* for maior do que o valor crítico *t* para um determinado nível de significância (em geral, assumimos 0,05), então podemos rejeitar a hipótese nula e concluir que há uma diferença significativa entre os resultados da simulação e os dados reais.

Podemos montar o seguinte código em Python para nos ajudar nessa validação:

Código Python: Validação do modelo de simulação – Teste de hipóteses

```python
import numpy as np
from scipy import stats

# Defina o número de observações da simulação e dos dados reais.
n_simulacao = 1000
n_reais = 100

# Defina a média e o desvio padrão para a simulação e dados reais.
# OBS: Substitua 'media_simulacao' e 'media_reais' pelos valores corretos.
media_simulacao = # Insira a média dos dados de simulação aqui
desvio_padrao_simulacao = # Insira o desvio padrão dos dados de simulação aqui
media_reais = # Insira a média dos dados reais aqui
desvio_padrao_reais = # Insira o desvio padrão dos dados reais aqui

# Gere uma amostra de resultados da simulação.
simulacao = np.random.normal(media_simulacao, desvio_padrao_simulacao, n_simulacao)
```

```
# Gere uma amostra de dados reais.
reais = np.random.normal(media_reais, desvio_padrao_reais, n_reais)

# Calcule a estatística do teste t e o p-valor.
t_statistic, p_valor = stats.ttest_ind(simulacao, reais, equal_var=False)

# Determine o nível de significância.
nivel_significancia = 0.05

# Verifique o resultado do teste de hipóteses.
if p_valor < nivel_significancia:
  print(f"Rejeite H0. Há uma diferença significativa entre os resultados da simulação e os dados reais. p-valor: {p_valor}")
else:
  print(f"Não rejeite H0. Não há diferença significativa entre os resultados da simulação e os dados reais. p-valor: {p_valor}")
```

Embora a validação do modelo seja uma parte importante do projeto de simulação, ela não é a única parte. A validação do modelo deve ser seguida pela verificação do modelo, que é o processo de garantir que o modelo está implementado corretamente e que está livre de erros de programação, como veremos na próxima seção.

4.5 Elaboração de alternativas e cenários

A elaboração de alternativas e cenários é uma das fases do processo de verificação do modelo, que passa pelas seguintes etapas:

a) **Revisar o código**: Revisar o código da simulação linha por linha pode ajudar a identificar erros de programação ou de lógica que podem ter passado despercebidos durante a fase de desenvolvimento.

b) **Fazer testes de unidade**: Atentar às partes individuais do modelo. Por exemplo, se o modelo tiver uma função que calcula o tempo de espera em uma fila, testar essa função isoladamente para garantir que ela produza os resultados esperados.

c) **Fazer testes de integração**: Após testar as partes individuais do modelo, checar como essas partes interagem juntas. Isso pode ajudar a identificar problemas que ocorrem quando diferentes partes do modelo interagem entre si.

d) **Conduzir testes de cenário**: Executar o modelo em diferentes cenários para observar seu comportamento. Por exemplo, verificar como o modelo se comporta sob condições de pico de demanda ou quando certos recursos estão indisponíveis.

e) **Solicitar revisão por pares**: Ter outra pessoa, preferencialmente alguém que não esteve envolvido no desenvolvimento do modelo, para revisar o modelo e o código. Ela pode ser capaz de identificar problemas ou áreas de preocupação que passaram despercebidos durante o desenvolvimento.

f) **Documentar**: A documentação deve incluir informações sobre como o modelo funciona, as suposições feitas, os dados de entrada e de saída e qualquer outra informação relevante. Uma boa documentação auxilia na verificação e é útil para quem for usar ou modificar o modelo no futuro.

No campo de simulação e modelagem, a capacidade de elaborar e analisar diferentes alternativas e cenários é uma funcionalidade imprescindível, conforme destacam Arenales et al. (2007). Os modelos de simulação não são estáticos, eles podem ser flexibilizados para refletir as mudanças que podem ocorrer em um sistema ou processo real.

Eles permitem que os tomadores de decisão explorem diferentes cenários e analisem alternativas, o que pode ajudá-los a tomar melhores decisões. A criação de cenários, no entanto, vai além de simplesmente alterar variáveis; envolve o entendimento profundo do sistema modelado e das relações entre suas partes constituintes (Banks et al., 2005).

Por exemplo, em um cenário de linha de produção, não basta apenas alterar o número de trabalhadores ou a disposição das estações de trabalho. É crucial entender como essas mudanças afetam a dinâmica geral da linha de produção, como elas interagem com outros fatores e como podem influenciar outros aspectos do sistema, como a qualidade do produto ou a satisfação do cliente.

O seguinte pseudocódigo ilustra um exemplo simplificado desse tipo de verificação:

```
Defina o número de trabalhadores, estações de trabalho e políticas de alocação
Para cada trabalhador faça
    Solicite acesso à estação de trabalho
    Se estação de trabalho disponível então
        Determine o tempo de trabalho com base na política escolhida
        O trabalhador ocupa a estação de trabalho pelo tempo determinado
        Registre o tempo de trabalho
    Fim Se
Fim Para
Analise os tempos de trabalho registrados
Fim
```

Dentro do Python, a exploração de cenários pode ser feita de forma eficiente com o auxílio de bibliotecas como SimPy, que permite a simulação de eventos discretos. No exemplo de uma linha de produção, poderíamos simular o impacto de diferentes políticas de alocação de trabalho. Cada política de alocação poderia ser implementada como uma função diferente dentro do SimPy, e a *performance* de cada uma poderia ser comparada.

Código Python: Simulação de políticas de alocação de trabalho

```python
import simpy # Importa o módulo simpy para simulação de eventos discretos
import random # Importa o módulo random para gerar números aleatórios

# Define a função que modela o comportamento do trabalhador
def worker(env, name, workstations, policy, waiting_times, working_times):
    while True: # Loop infinito para simular o comportamento contínuo do trabalhador
        arrival_time = env.now # Registra o tempo de chegada do trabalhador
        with workstations.request() as req: # Solicita acesso à estação de trabalho
            yield req # Espera até que a estação de trabalho esteja disponível
            waiting_times.append(env.now - arrival_time) # Calcula e armazena o tempo de espera
            work_time = policy() # Determina o tempo de trabalho usando a política fornecida
            start_time = env.now # Registra o início do trabalho
            yield env.timeout(work_time) # Ocupa a estação de trabalho pelo tempo determinado
            working_times.append(env.now - start_time) # Calcula e armazena o tempo de trabalho

# Define a política de tempo de trabalho aleatório
def policy_random():
    return random.uniform(0.5, 1.5) # Retorna um tempo de trabalho aleatório entre 0.5 e 1.5

# Define a política de tempo de trabalho constante
def policy_constant():
    return 1.0 # Retorna um tempo de trabalho constante de 1.0

waiting_times = [] # Inicializa a lista para armazenar os tempos de espera
working_times = [] # Inicializa a lista para armazenar os tempos de trabalho
```

```python
env = simpy.Environment() # Cria o ambiente de simulação
workstations = simpy.Resource(env, capacity=10) # Cria o recurso (estação de trabalho) com capacidade para 10 trabalhadores

# Inicia a simulação para 100 trabalhadores com política de tempo de trabalho aleatório
for i in range(100):
    env.process(worker(env, f'Worker {i}', workstations, policy_random, waiting_times, working_times))

env.run(until=10) # Executa a simulação até o tempo 10

# Calcula os tempos médios de espera e trabalho com política aleatória
avg_waiting_time = sum(waiting_times) / len(waiting_times)
avg_working_time = sum(working_times) / len(working_times)
print(f'Tempo médio de espera com política aleatória: {avg_waiting_time}')
print(f'Tempo médio de trabalho com política aleatória: {avg_working_time}')

# Reinicia o ambiente, o recurso e as listas de tempos para a próxima simulação
waiting_times = []
working_times = []
env = simpy.Environment()
workstations = simpy.Resource(env, capacity=10)

# Inicia a simulação para 100 trabalhadores com política de tempo de trabalho constante
for i in range(100):
    env.process(worker(env, f'Worker {i}', workstations, policy_constant, waiting_times, working_times))

env.run(until=10) # Executa a simulação até o tempo 10

# Calcula os tempos médios de espera e trabalho com política constante
avg_waiting_time = sum(waiting_times) / len(waiting_times)
avg_working_time = sum(working_times) / len(working_times)
print(f'Tempo médio de espera com política constante: {avg_waiting_time}')
print(f'Tempo médio de trabalho com política constante: {avg_working_time}')
```

O código fornecido é uma demonstração de como usar a biblioteca SimPy para simular um ambiente de trabalho. O cenário modela a interação de 100 trabalhadores com um recurso limitado, nesse caso, as estações de trabalho. Inicialmente, duas funções são definidas para representar o comportamento dos trabalhadores (*worker()*) e as políticas de alocação de tempo de trabalho (*policy_random()* e *policy_constant()*).

A função *worker()* simula a ação de um trabalhador. Esse trabalhador solicita uma estação de trabalho (por meio do comando *yield req*), ocupa essa estação por um período definido pela política escolhida e, depois, libera a estação para que outro trabalhador possa utilizá-la.

As funções *policy_random()* e *policy_constant()* representam duas diferentes políticas de alocação de tempo de trabalho. A primeira retorna um tempo de trabalho variável entre 0,5 e 1,5 unidade de tempo, e a segunda sempre retorna um tempo fixo de 1,0 unidade de tempo.

Em seguida, o código cria um ambiente de simulação e um recurso com capacidade para 10 estações de trabalho. Cem trabalhadores são, então, criados e simulados como instâncias do processo *worker()*. A simulação é executada até que atinja 10 unidades de tempo.

Além disso, esse código aprimorado não apenas simula, mas também coleta e mostra resultados de simulação. Ele captura tempos de espera e de trabalho, permitindo uma análise mais detalhada do desempenho do sistema. Com isso, é possível comparar a eficácia de diferentes políticas de tempo de trabalho, observando-se os tempos médios de espera e de trabalho dos trabalhadores.

Portanto, com ferramentas como SimPy, a simulação e a análise de diferentes cenários se tornam acessíveis, o que permite otimizar a produção com base em dados coletados durante a simulação.

A capacidade de construir alternativas e cenários é relevante no contexto da tomada de decisões estratégicas. No entanto, é importante reconhecer que qualquer modelo de simulação tem limitações e incertezas. Portanto, abordagens adicionais, como a análise de sensibilidade, são úteis para aprimorar os resultados derivados da simulação (Andrade, 2002).

4.6 Análise de resultados e implementação

Uma vez elaborados e testados os modelos de simulação, conforme discutido nas seções anteriores deste capítulo, passamos à fase de análise dos resultados e de implementação das decisões. É nessa etapa do processo de simulação que os resultados obtidos são interpretados, proporcionando **informações** para a tomada de decisão (Law; Kelton, 1999).

Os resultados de um modelo de simulação podem ser muito abrangentes, variando desde estatísticas descritivas até gráficos complexos e representações visuais. A interpretação desses resultados, entretanto, requer uma compreensão completa do sistema que foi modelado e das questões que procurávamos responder (Banks et al., 2005).

Para facilitar a compreensão, consideremos um exemplo hipotético de uma empresa que quer avaliar a eficiência de sua linha de produção. Suponhamos que a empresa tenha coletado dados, modelado o sistema de produção e feito uma série de simulações para avaliar diferentes cenários. Os resultados das simulações podem indicar, por exemplo, a taxa média de produção, o tempo de espera médio dos produtos na linha e a utilização média das máquinas.

Código Python: Análise de eficiência da linha de produção

```python
import numpy as np # Importa a biblioteca numpy com o apelido 'np' para operações numéricas e estatísticas.
# Gera 1000 amostras de tempos de produção a partir de uma distribuição normal com média 5 e desvio padrão 1.
tempos_de_producao = np.random.normal(loc=5, scale=1, size=1000)
# Gera 1000 amostras de tempos de espera a partir de uma distribuição exponencial com média (escala) 2.
tempos_de_espera = np.random.exponential(scale=2, size=1000)
# Gera 1000 amostras de utilização de máquinas a partir de uma distribuição beta com parâmetros a=2 e b=2.
utilizacao_maquinas = np.random.beta(a=2, b=2, size=1000)
# Calcula a média dos tempos de produção utilizando a função mean() do numpy.
media_producao = np.mean(tempos_de_producao)
# Calcula a média dos tempos de espera utilizando a função mean() do numpy.
media_espera = np.mean(tempos_de_espera)
# Calcula a média da utilização das máquinas utilizando a função mean() do numpy.
media_utilizacao = np.mean(utilizacao_maquinas)
# Exibe a média dos tempos de produção, tempos de espera e utilização das máquinas.
print(f"Média dos tempos de produção: {media_producao}")
print(f"Média dos tempos de espera: {media_espera}")
    print(f"Média da utilização das máquinas: {media_utilizacao}")
```

Observe que o código começa importando o pacote Numpy, uma biblioteca popular em Python para manipulação numérica e computação científica. Esse pacote será utilizado para gerar números aleatórios que simulam diferentes aspectos de uma linha de produção.

Em seguida, são gerados 1.000 valores para cada uma das três métricas simuladas: 1) tempos de produção; 2) tempos de espera; e 3) a utilização das máquinas. Cada métrica é gerada por meio de uma distribuição de probabilidade diferente. Os tempos de produção são modelados como uma distribuição normal, o que é uma suposição comum para tempos de produção. Os tempos de espera são modelados como uma distribuição exponencial, o que também é comum em sistemas de filas. A utilização das máquinas é modelada como uma distribuição beta, que é uma distribuição contínua que varia de 0 a 1 e é adequada para modelar proporções e taxas.

Depois que esses dados são gerados, o código calcula a média de cada métrica e imprime esses valores. Essas médias fornecem uma visão geral de como a linha de produção está funcionando. Por exemplo, a média dos tempos de produção dá uma ideia de quanto tempo, em média, leva para se produzir um item. Da mesma forma, a média dos tempos de espera dá uma ideia de quanto tempo, em média, um item passa na fila antes de ser produzido.

Essas médias podem ser usadas como uma linha de base para comparar diferentes cenários. Por exemplo, a empresa pode querer saber o que aconteceria se contratasse mais trabalhadores ou comprasse novas máquinas. Ela poderia modificar o código para simular esses cenários e comparar as médias resultantes com as médias do cenário atual.

Essas estatísticas são úteis para a empresa entender o funcionamento atual da linha de produção, mas o poder real da simulação é permitir a comparação de diferentes cenários. Por exemplo, a empresa pode simular o que aconteceria se contratasse mais trabalhadores ou se comprasse novas máquinas. Para cada cenário, a simulação pode fornecer resultados similares, que, então, podem ser comparados para identificar a melhor alternativa (Law; Kelton, 1999).

A interpretação e a análise desses resultados podem ser complexas e, por isso, requerem um conhecimento aprofundado do sistema em estudo. Sendo assim, é importante considerar também a incerteza associada aos resultados da simulação. Isso pode ser feito por meio de técnicas como intervalos de confiança, que oferecem uma faixa de valores dentro da qual o resultado real provavelmente se encontra (Andrade, 2002).

Por último, é importante lembrar que outros métodos, como análise de sensibilidade e otimização, podem e devem ser utilizados em conjunto para uma tomada de decisão mais robusta e embasada (Arenales et al., 2007).

A modelagem e a simulação são processos iterativos, e cada iteração fornece mais informações para aprimorar a próxima. Consequentemente, a análise de resultados e a implementação não são a conclusão final, mas apenas uma etapa no ciclo contínuo de aprimoramento e aprendizado (Banks et al., 2005).

Síntese

Neste capítulo, exploramos os conceitos fundamentais de modelagem e simulação, uma metodologia para modelar sistemas complexos e prever seus comportamentos sob diferentes cenários.

Discutimos diferentes tipos de simulação, destacando a simulação de eventos discretos, que se aplica a sistemas com alterações que ocorrem em instantes específicos e que é o foco dessa obra.

Um modelo de simulação é composto por componentes chave como variáveis de entrada e saída, entidades (objetos do modelo), eventos (ocorrências que alteram o estado do sistema) e o estado do sistema (a condição do sistema em um dado momento). A compreensão e a definição adequada desses elementos são necessárias para se criar uma representação precisa do sistema real e para o sucesso da simulação.

Além disso, destacamos a importância da coleta e da análise de dados no desenvolvimento de modelos. Dados precisos e relevantes são fundamentais para construir modelos confiáveis e para validar os resultados da simulação. As técnicas de análise de dados auxiliam na identificação de padrões e tendências e na determinação de parâmetros críticos para o modelo.

Finalmente, enfatizamos a análise crítica dos resultados da simulação e sua aplicação na tomada de decisões. A interpretação dos resultados permite identificar as melhores estratégias e ações a serem tomadas, considerando as diversas possibilidades e cenários simulados. Essa análise contribui para decisões mais informadas e embasadas, reduzindo riscos e otimizando recursos.

Questões para revisão

1) Assinale a alternativa que descreve corretamente o processo de modelagem de sistemas:

   a. A modelagem de sistemas é um processo estático que envolve apenas a representação de estados fixos de um sistema.

   b. A modelagem de sistemas envolve a criação de um modelo computacional que representa o sistema real, permitindo a simulação de diferentes cenários para análise e tomada de decisão.

   c. A modelagem de sistemas é uma prática exclusiva da engenharia, sem aplicabilidade em outras áreas como economia ou medicina.

   d. A modelagem de sistemas é um processo que se limita à coleta de dados, sem necessidade de analisá-los ou interpretá-los.

   e. A modelagem de sistemas foca, exclusivamente, na representação gráfica de processos, sem envolver componentes computacionais ou matemáticos.

2) Assinale a alternativa que indica corretamente a descrição da simulação baseada em agentes (SBA):

   a. A SBA é uma técnica que modela sistemas complexos sem considerar as interações entre as entidades individuais do sistema.
   b. A SBA é uma técnica de simulação que representa sistemas complexos por meio de entidades autônomas, denominadas *agentes*, que interagem entre si, seguindo regras de comportamento específicas.
   c. A SBA é uma abordagem que se aplica, exclusivamente, à modelagem de sistemas biológicos, sem relevância para áreas como engenharia ou ciência da computação.
   d. A SBA é um método que simula eventos de sistemas complexos apenas em tempo real, sem possibilidade de aceleração ou desaceleração do tempo de simulação.
   e. A SBA foca na modelagem de sistemas complexos usando uma abordagem *top-down*, em que o comportamento do sistema é definido antes das interações entre agentes.

3) O que são componentes de um modelo de simulação?

4) Descreva o processo da simulação.

5) Assinale a alternativa que indica corretamente qual a importância da simulação em diversas áreas de atuação:

   a. A simulação tem utilidade limitada e é mais frequentemente usada em ciências exatas.
   b. A simulação é fundamental para a compreensão e a análise de sistemas complexos em diversas áreas, como engenharia, economia e medicina.
   c. A simulação é principalmente utilizada na área de computação, com menor aplicação em outras áreas.
   d. A simulação é mais útil para estudos teóricos do que para aplicações práticas.
   e. A simulação auxilia na previsão de cenários futuros em várias disciplinas, mas sua aplicação é limitada.

Questões para reflexão

1) Convidamos você a pensar em outros campos, além dos que discutimos, em que a simulação poderia ser aplicada. Quais são as particularidades desses campos que tornam a simulação uma ferramenta útil? Como a simulação poderia ajudar a melhorar a tomada de decisões nesses campos?

2) Embora a simulação possa oferecer uma visão importante, ela é apenas tão precisa quanto os dados em que se baseia e o modelo que a sustenta. É essencial, portanto, usar a simulação com discernimento, considerando suas limitações, bem como seu potencial (Robinson, 2014). Qual a importância do uso ético e responsável da simulação? Elabore um texto escrito com sua resposta e compartilhe com seu grupo de estudos.

Conteúdos do capítulo:
- Fundamentos e princípios da simulação de Monte Carlo.
- Construção e análise de modelos estatísticos.
- Estratégias para coleta de dados em simulações.
- Técnicas para análise e tratamento dos dados coletados.

Após o estudo deste capítulo, você será capaz de:
1. explicar o conceito e a importância da simulação de Monte Carlo;
2. implementar a simulação de Monte Carlo, aplicando técnicas de geração de números aleatórios e modelagem de incertezas;
3. coletar e analisar dados de simulações de Monte Carlo para informar decisões baseadas em evidências.

5
Simulação de Monte Carlo

5.1 Definição

A metodologia da simulação de Monte Carlo envolve a criação de modelos matemáticos que representam o fenômeno em estudo e a geração de números aleatórios de acordo com as distribuições de probabilidade especificadas no modelo. Esses números aleatórios são usados para simular o comportamento do sistema ao longo do tempo, permitindo a análise de resultados sob diferentes condições.

A aplicação adequada da simulação de Monte Carlo requer uma compreensão sólida de seu funcionamento, bem como uma abordagem cuidadosa para coleta, análise e tratamento de dados. Como em outras técnicas de modelagem e simulação, a tomada de decisão precisa ser fundamentada em evidências, considerando-se possíveis riscos, custos e benefícios (Taha, 2016).

Essa abordagem de simulação oferece uma maneira robusta para lidar com a incerteza e o risco inerentes aos sistemas reais, proporcionando informações importantes que podem auxiliar na tomada de decisões estratégicas.

Nesse contexto, a **incerteza** está relacionada à falta de conhecimento ou à previsibilidade dos resultados futuros. Ela envolve a ideia de que, mesmo que saibamos que existem vários resultados possíveis, não podemos atribuir probabilidades precisas a esses resultados devido à falta de informações completas. É importante, porém, diferenciar o termo *incerteza* do termo *risco*. O **risco** refere-se à medida da variabilidade dos resultados em um determinado cenário ou decisão. Em outras palavras, o risco quantifica a amplitude das possíveis variações nos resultados de um modelo ou simulação.

> ### Importante!
> O nome *Monte Carlo* foi dado em referência ao famoso cassino localizado em Mônaco, devido à sua dependência de resultados aleatórios. A ideia central dessa simulação é, essencialmente, o uso de aleatoriedade e repetição para estimar a probabilidade de certos resultados.

A essência da simulação de Monte Carlo pode ser capturada pela seguinte analogia: imagine tentar calcular a probabilidade de tirar uma determinada carta de um baralho. Poderíamos resolver isso analiticamente, calculando o número de possíveis resultados e o número de maneiras pelas quais o resultado desejado poderia ocorrer. Alternativamente, poderíamos simplesmente embaralhar o baralho e tirar uma carta repetidamente, registrando o resultado cada vez. À medida que o número de amostras aumenta, a estimativa da probabilidade convergirá para o valor verdadeiro (Balci, 1994).

Vejamos, agora, um exemplo prático da aplicação da simulação de Monte Carlo. Suponha que queremos simular o tempo de espera em uma fila de supermercado. Poderíamos começar definindo as variáveis de entrada, que, nesse caso, podem ser a taxa de chegada de clientes e o tempo que leva para cada cliente ser atendido. Cada uma dessas variáveis poderia ser modelada como uma distribuição de probabilidade, com a taxa de chegada, talvez, sendo modelada como uma distribuição de Poisson e o tempo de serviço como uma distribuição exponencial (Zeigler; Praehofer; Kim, 2000).

Para fazer a simulação, geramos uma sequência de números aleatórios e usamos esses números para determinar a taxa de chegada de clientes e o tempo de serviço. Depois disso, podemos usar esses números para simular o comportamento do sistema e calcular o tempo de espera médio.

Neste exemplo, os cálculos seriam como os descritos na sequência.

Dado que a taxa de chegada λ é 10 clientes por hora e o tempo médio de serviço μ é de 6 minutos por cliente, podemos modelar a chegada dos clientes e o tempo de serviço assim:

- Geramos um número aleatório, digamos 0,5, e usamos a distribuição de Poisson para determinar o intervalo entre as chegadas dos clientes. Nesse caso, o intervalo entre as chegadas seria $-\dfrac{\ln(0.5)}{\lambda} = 0{,}0693$ horas $= 4{,}158$ minutos.
- Em seguida, geramos outro número aleatório, digamos 0,7, e usamos a distribuição exponencial para determinar o tempo de serviço. Nesse caso, o tempo de serviço seria $-\mu \cdot \ln 0{,}7 = 2{,}639$ minutos.
- Repetimos esse processo várias vezes para obter uma distribuição de tempos de espera.

Os cálculos anteriores ilustram a operação básica de uma simulação de Monte Carlo. Note que cada execução da simulação (cada amostra) nos dá um único resultado possível.

A força da simulação de Monte Carlo vem de sua capacidade de repetir esse processo milhares ou mesmo milhões de vezes, criando uma distribuição de possíveis resultados (Arenales et al., 2007).

Os benefícios dessa simulação são numerosos. Como ilustrado no exemplo anterior, ela é extremamente flexível e pode ser aplicada a uma ampla variedade de problemas, sendo capaz de lidar com problemas complexos que têm muitas variáveis de entrada e cujos resultados são incertos ou variáveis no tempo (Sokolowski; Banks, 2011).

Vamos a um exemplo clássico do uso da simulação de Monte Carlo.

Exemplificando 5.1

Imagine que temos um círculo com raio 1, inscrito em um quadrado com lados de comprimento 2. Se jogarmos aleatoriamente pontos nesse quadrado, a proporção dos pontos que caem dentro do círculo em relação ao total de pontos lançados deve se aproximar da proporção das áreas do círculo e do quadrado. Matematicamente, isso pode ser representado como:

(Área do círculo/área do quadrado) ≈ (Pontos dentro do círculo/total de pontos)

A área do círculo é πr^2 e a área do quadrado é *lado²*, ou seja, $\frac{\left(\pi(1)^2\right)}{2^2} = \frac{\pi}{4}$. Portanto, podemos estimar π usando:

$$\pi \approx 4 \frac{\text{Pontos dentro do círculo}}{\text{Total de pontos}}$$

Observe a Figura 5.1, que representa o modelo que vamos implementar computacionalmente.

Figura 5.1 – Simulação para 10 pontos

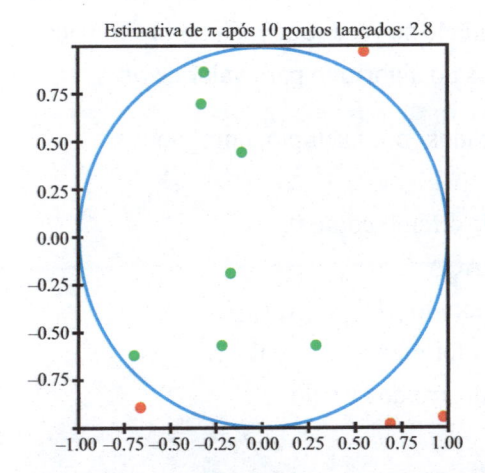

Estimativa de π após 10 pontos lançados: 2.8

Agora, vejamos uma estimativa para 100 pontos na figura a seguir.

Figura 5.2 – Simulação para 100 pontos

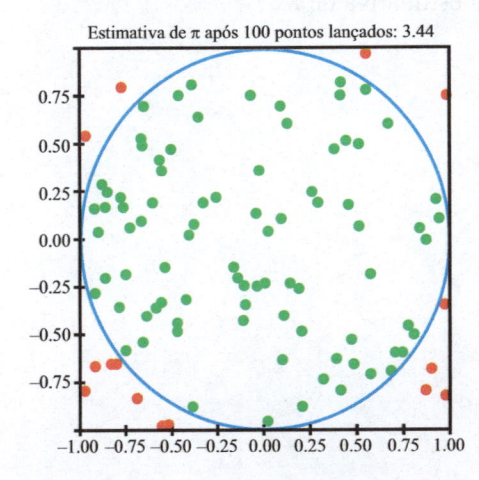

Estimativa de π após 100 pontos lançados: 3.44

E, por fim, na figura a seguir, vejamos uma estimativa para 1.000 pontos.

Figura 5.3 – Simulação para 1.000 pontos

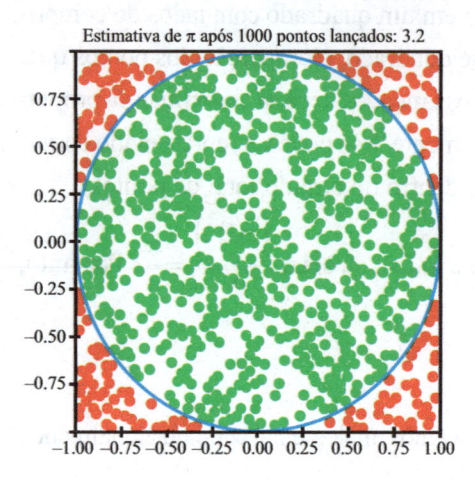

Note, nas figuras anteriores, que o valor de π vai modificando ao passo que aumentamos o número de pontos simulados e da quantidade de vezes que rodamos a simulação.

Para implementar essa simulação, precisamos do algoritmo para valor de *pi*:

1. Definir o número de pontos a serem lançados (por exemplo, num_points = 10000).
2. Inicializar o contador de pontos dentro do círculo como 0.
3. PARA cada ponto de 1 até num_points FAÇA
   a) Gerar um ponto aleatório (x, y) no quadrado [-1, 1] × [-1, 1].
   b) Se a distância do ponto ao centro (0, 0) for menor ou igual a 1:
      - incrementar o contador de pontos dentro do círculo.

   FIM Se

4. FIM PARA
5. Calcular a proporção de pontos dentro do círculo em relação ao total de pontos.
6. Multiplicar a proporção por 4 para obter a estimativa de π.
7. Exibir a estimativa de π.

Agora, vamos implementar isso em Python.

Código Python: Estimativa de Pi via simulação de Monte Carlo

```python
import random
# Número de pontos a serem lançados
num_points = 100000
# Contador para pontos dentro do círculo
points_inside_circle = 0
# Lançar pontos aleatoriamente dentro do quadrado
for _ in range(num_points):
  x = random.uniform(-1, 1)
  y = random.uniform(-1, 1)
  # Verificar se o ponto está dentro do círculo
  if x ** 2 + y ** 2 <= 1:
    points_inside_circle += 1
# Estimar o valor de π
estimated_pi = 4 * (points_inside_circle / num_points)
print(f'Estimativa de π após {num_points} pontos lançados é: {estimated_pi}')
```

O resultado encontrado será: estimativa de π após 100.000 pontos lançados é: 3,13712.

Esse exemplo ilustra os conceitos de aleatoriedade e repetição para estimar valores. É frequentemente usado em cursos introdutórios de estatística ou ciência da computação para apresentar o método de Monte Carlo de uma maneira simples, visual e intuitiva.

Essa abordagem, no entanto, também tem suas limitações. Os resultados são apenas aproximações e o número de execuções necessárias para obter uma resposta precisa ser muito grande, o que pode tornar o método computacionalmente intensivo. Além disso, a qualidade dos resultados depende da qualidade dos modelos de entrada, ou seja, das distribuições de probabilidade usadas para modelar as variáveis de entrada (Banks et al., 2005).

5.2 Funcionamento

A simulação de Monte Carlo, em seu núcleo, é um processo de resolução de problemas que utiliza a aleatoriedade para explorar o espaço de soluções possíveis de um problema.

A invenção do método de Monte Carlo é creditada ao matemático Stanislaw Ulam (1909-1984). Enquanto recuperava-se de uma cirurgia, em 1946, ele estava pensando em um problema de aleatoriedade relacionado ao jogo de solitário e viu potencial para aplicar uma abordagem estatística à física nuclear.

John von Neumann (1903-1957), matemático que estreitou laços de colaboração com Ulam durante o Projeto Manhattan[1], reconheceu o potencial do método de Monte Carlo. Juntos, eles empregaram esta técnica para abordar complexos problemas de transporte de nêutrons. Esse trabalho foi fundamental para decifrar o comportamento das reações nucleares essenciais para a eficácia das detonações de bombas atômicas (Ross, 2006).

> **PARA SABER MAIS**
>
> Para saber mais sobre a vida desses matemáticos, que foram fundamentais no desenvolvimento de tecnologias que moldaram o mundo moderno, recomendamos o filme *O matemático* (Adventures of a Mathematician), que retrata a história de Stan Ulam, um brilhante matemático judeu polonês, e seu melhor amigo, o gênio húngaro Johnny von Neumann. A narrativa apresenta a jornada de Ulam, desde a perda de sua bolsa em Harvard até seu envolvimento no projeto Manhattan em Los Alamos, Novo México, onde ele e von Neumann trabalharam no desenvolvimento da bomba nuclear e na criação do primeiro computador. *O matemático* trata dos dilemas éticos e pessoais enfrentados por esses cientistas em um dos momentos mais críticos da história.
>
> O MATEMÁTICO. Direção: Thorsten Klein. Alemanha, Polônia, Reino Unido: A2 Filmes, 2020. 102 min.

O funcionamento da simulação de Monte Carlo pode ser compreendido por meio de três componentes principais: 1) geração de números aleatórios; 2) modelagem de incertezas; e 3) repetição de experimentos (Pidd, 2004).

5.2.1 Geração de números aleatórios

A simulação de Monte Carlo depende, consideravelmente, do uso de números aleatórios. Esses números são gerados por algoritmos conhecidos como *geradores de números pseudoaleatórios*, que produzem sequências de números que aparentam ser aleatórios.

A qualidade do gerador de números pseudoaleatórios é fundamental para a precisão dos resultados dessa abordagem. Alguns dos motivos que levam a essas críticas e precisam ser verificados são:

1. **Natureza dos números pseudoaleatórios**: Geradores de números pseudoaleatórios (PRNGs, do inglês *pseudo-random number generators*) não produzem números verdadeiramente aleatórios. Eles usam algoritmos

---

[1] O Projeto Manhattan foi um programa de pesquisa e desenvolvimento realizado durante a Segunda Guerra Mundial que produziu as primeiras bombas atômicas. Liderado pelos Estados Unidos, com o apoio do Reino Unido e do Canadá, envolveu cientistas renomados, incluindo Robert Oppenheimer, Enrico Fermi e muitos outros, trabalhando secretamente em Los Alamos, Novo México.

matemáticos para produzir uma sequência de números que parece ser aleatória, mas, na verdade, é determinística, o que significa que a mesma sequência pode ser reproduzida se conhecermos o estado inicial do gerador.

2. **Qualidade da aleatoriedade**: A aparência de aleatoriedade é essencial para a simulação de Monte Carlo. Se o PRNG tem defeitos ou padrões previsíveis, eles podem introduzir erros ou vieses na simulação. Esses padrões podem fazer com que os resultados da simulação se desviem dos verdadeiros resultados estatísticos que estamos tentando modelar.
3. **Propriedades estatísticas**: Um bom gerador de números pseudoaleatórios deve produzir números que seguem uma distribuição uniforme e não mostram correlações entre os números subsequentes na sequência. Se essas propriedades não são atendidas, as estimativas de probabilidades e outros parâmetros estatísticos na simulação podem ser imprecisos.
4. **Reprodutibilidade**: Em alguns casos, podemos querer que a simulação seja reprodutível, o que significa que podemos executá-la novamente e obter os mesmos resultados. Isso pode ser útil para depuração ou verificação de resultados. PRNGs pseudoaleatórios permitem isso, mas números verdadeiramente aleatórios não.

É fundamental, portanto, que a sequência de números gerada tenha propriedades estatísticas que se assemelhem às de uma sequência verdadeiramente aleatória (Law; Kelton, 1999).

No Python, por exemplo, podemos utilizar o módulo *random* para gerar números aleatórios. O seguinte trecho de código gera um número aleatório entre 0 e 1.

Código Python: Gerador de número aleatório simples

```
import random
number = random.random()
print(number)
```

Em muitas versões do Python, o módulo *random* usa o algoritmo Mersenne Twister como seu núcleo gerador. Esse é um algoritmo bem conhecido, amplamente utilizado, com um período muito longo ($2^{19937} - 1$) e que passa em muitos testes de aleatoriedade.

Além disso, o módulo *random* fornece funções para gerar números aleatórios em diferentes distribuições, como uniforme, normal, exponencial, entre outras. Algumas funções comuns incluem *random.random()* para números *float* entre 0 e 1, como apresentado no 'Gerador de Número Aleatório Simples', e *random.randint(a, b)* para inteiros entre *a* e *b*.

> **IMPORTANTE!**
>
> Como o módulo *random* é baseado em um PRNG determinístico, ele não é considerado seguro para usos em criptografia. Para tarefas que exigem geração de números aleatórios criptograficamente seguros, o módulo *secrets* do Python deve ser usado.

Mas esse não é o nosso caso.

5.2.2 Modelagem de incertezas

A simulação de Monte Carlo é usada frequentemente para modelar situações em que a incerteza desempenha um papel significativo. Isso é feito por meio da modelagem das variáveis de entrada como variáveis aleatórias. Cada variável de entrada é associada a uma distribuição de probabilidade que reflete nosso conhecimento ou incerteza sobre essa variável (Hillier; Lieberman, 2006).

Consideremos uma variável de entrada que representa o tempo necessário para completar uma tarefa específica. Se temos dados históricos ou conhecimento especializado indicando que esse tempo varia, mas tende a se concentrar em torno de um valor médio com uma variação consistente, podemos modelar essa variável usando uma distribuição normal (ou gaussiana).

Suponhamos que, com base em experiências passadas, o tempo médio necessário seja de 30 minutos, com um desvio-padrão de 5 minutos, refletindo a variação no tempo de conclusão. Nesse caso, a distribuição normal com uma média (μ) de 30 e um desvio-padrão (σ) de 5 é uma escolha adequada para representar essa variável de entrada. Matematicamente, isso pode ser expresso como:

$$\text{Tempo de Conclusão} \sim \mathcal{N}(30, 5^2)$$

Esse modelo permite incorporar tanto nosso conhecimento sobre o tempo médio de conclusão quanto a incerteza associada à variação nesse tempo. Ao simular diferentes cenários usando essa distribuição, podemos avaliar o impacto potencial das variações no tempo de conclusão na *performance* geral do sistema que estamos analisando.

Um exemplo prático dessa abordagem pode ser encontrado na área financeira. Os mercados financeiros são, inerentemente, incertos. Os preços dos ativos flutuam devido a uma miríade de fatores, muitos dos quais são imprevisíveis. Para capturar essa incerteza e fazer previsões informadas sobre o futuro, é necessário um método que possa incorporar a aleatoriedade inerente ao sistema.

Os gestores de fundos de investimento podem usar a simulação de Monte Carlo para simular milhares de possíveis trajetórias futuras de ativos financeiros com base na volatilidade histórica e na média de retornos. Isso ajuda a calcular o risco de um portfólio e a formular estratégias de investimento robustas.

Vamos usar uma simulação de Monte Carlo para avaliar o preço de uma opção de compra europeia usando a fórmula de Black-Scholes-Merton.

O modelo Black-Scholes-Merton é um modelo matemático usado para calcular o preço de derivativos financeiros como opções. Desenvolvido independentemente por Fischer Black (1938-1995) e Myron Scholes (1941-) com contribuições fundamentais de Robert Merton (1910-2003), o modelo ganhou o Prêmio Nobel de Economia para Scholes e Merton em 1997. Infelizmente, Fischer Black já havia falecido e, portanto, não pôde compartilhar o prêmio, já que o Nobel não é concedido postumamente.

Em sua forma mais simples, o modelo assume que os mercados financeiros são eficientes e que a volatilidade do preço do ativo subjacente é constante. Embora essas suposições sejam frequentemente criticadas como irrealistas, o modelo Black-Scholes-Merton tem sido fundamental para o desenvolvimento de métodos para o gerenciamento de risco financeiro.

O modelo Black-Scholes-Merton faz uso fundamental do conceito de movimento browniano, uma forma de movimento aleatório que descreve a evolução ao longo do tempo de certos sistemas físicos e financeiros.

O Gráfico 5.1 mostra um exemplo de movimento browniano.

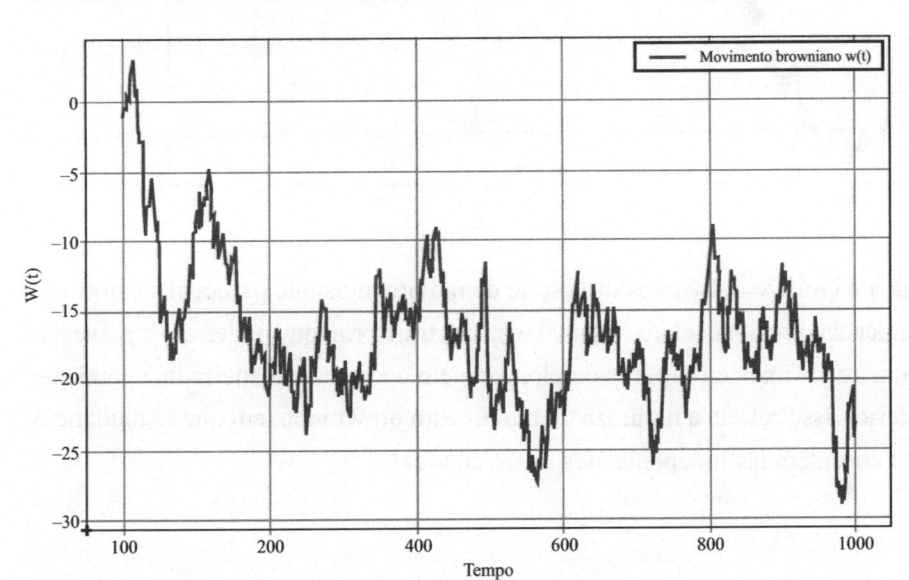

Gráfico 5.1 – Movimento browniano

O movimento browniano foi observado inicialmente em partículas suspensas em um fluido, mas suas propriedades estocásticas, ou aleatórias, são adequadas[2] para modelar a evolução dos preços dos ativos financeiros, entre outros fenômenos.

No contexto do modelo Black-Scholes-Merton, o preço de um ativo subjacente (como uma ação) é modelado como seguindo um tipo especial de movimento browniano chamado *movimento browniano geométrico*. Nesse modelo, a mudança no preço do ativo é proporcional ao seu preço atual, o que significa que os retornos do ativo são, normalmente, distribuídos e independentes ao longo do tempo. O Gráfico 5.2 mostra um exemplo de movimento browniano geométrico.

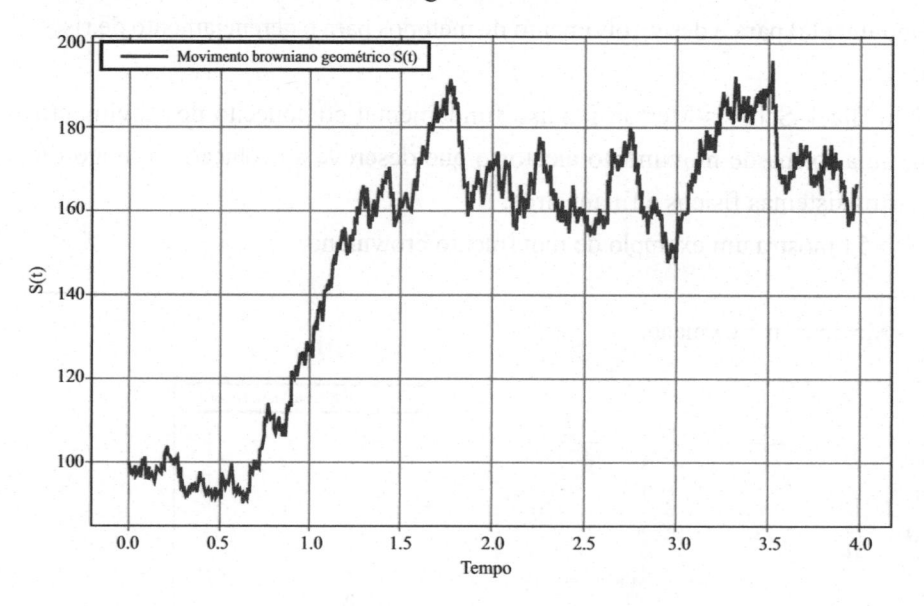

Gráfico 5.2 – Movimento browniano geométrico

Note que, no Gráfico 5.1, vemos uma série de movimentos que parecem aleatórios e sem uma tendência direcional clara. As mudanças na trajetória, que poderiam representar o preço de um ativo financeiro, por exemplo, parecem ocorrer de maneira independente do valor anterior. Isso reflete a natureza do movimento browniano, em que as mudanças no preço são consideradas independentes do preço atual.

---

2 As propriedades estocásticas do movimento browniano são adequadas para modelar mercados financeiros devido à sua capacidade de refletir a imprevisibilidade dos preços dos ativos, simular trajetórias de preços ao longo do tempo e facilitar o uso de técnicas matemáticas avançadas na análise e na previsão de preços, apoiando assim o desenvolvimento de estratégias de gerenciamento de riscos e instrumentos financeiros derivativos.

Já no Gráfico 5.2, temos um caminho que, embora ainda contenha movimentos aleatórios, apresenta uma direção de crescimento aparente ao longo do tempo. Esse caminho poderia representar o preço de um ativo que, em média, está crescendo com o tempo, apesar das flutuações aleatórias de curto prazo. Isso é característico do movimento browniano geométrico, no qual a variação percentual do preço (retorno) é considerada, o que significa que as mudanças de preço estão relacionadas ao preço atual.

Mais tecnicamente, o preço do ativo subjacente é descrito por uma equação diferencial estocástica que incorpora um termo de deriva (representando a taxa de retorno esperada do ativo) e um termo de difusão (representando a volatilidade do ativo). Esse último termo é modelado como um processo de Wiener[3], que é essencialmente uma formalização matemática do movimento browniano.

Usaremos a biblioteca Numpy para gerar os caminhos aleatórios.

Código Python: Simulação de preços de ativos

```python
import numpy as np
def black_scholes_monte_carlo(S0, K, T, r, sigma, num_simulations):
    dt = T/100.0 # we'll simulate the path in 100 steps
    price_paths = np.zeros((num_simulations, 100))
    price_paths[:, 0] = S0
    for t in range(1, 100):
        brownian = np.random.standard_normal(num_simulations)
        price_paths[:, t] = (price_paths[:, t-1] * np.exp((r-0.5*sigma**2)*dt
                    + sigma*np.sqrt(dt)*brownian))
    max_price_path = np.maximum(price_paths[:, -1] - K, 0)
    return np.exp(-r*T)*np.sum(max_price_path)/num_simulations
S0 = 100 # initial stock price
K = 105 # strike price
T = 1.0 # time-to-maturity
r = 0.05 # risk-free rate
sigma = 0.2 # volatility
num_simulations = 1000 # number of simulations
option_price = black_scholes_monte_carlo(S0, K, T, r, sigma, num_simulations)
print('Option price:', option_price)
```

---

3 Um processo de Wiener pode ser entendido como um modelo matemático usado para descrever a evolução aleatória de um sistema ao longo do tempo.

Vejamos, a seguir, um passo a passo do que esse código faz:

- A função *black_scholes_monte_carlo* simula o movimento do preço do ativo subjacente à opção ao longo do tempo usando o modelo de Black-Scholes[4]. Ele faz isso repetidamente (num_simulations vezes) e calcula o preço da opção no final de cada simulação.
- O preço do ativo subjacente é simulado de acordo com a fórmula de Black-Scholes, que inclui um componente determinístico *(r-0.5*sigma**2)*dt* e um componente estocástico *sigma*np.sqrt(dt)*brownian*.
- *np.random.standard_normal(num_simulations)* é usado para gerar (*num_simulations*) números aleatórios por meio de uma distribuição normal padrão. Esse é o termo do movimento browniano na fórmula de Black-Scholes.
- O valor de cada opção no vencimento é dado por *np.maximum(price_paths[:, -1] – K, 0)*, que é o valor máximo entre o preço final do ativo subjacente menos o preço de exercício e zero. Isso porque uma opção de compra não será exercida se o preço do ativo subjacente for menor do que o preço de exercício.
- O preço da opção é calculado como a média desses valores de opção no vencimento, descontados de volta ao valor presente usando a taxa de juros livre de risco.
- As variáveis *S0, K, T, r, sigma* e *num_simulations* são definidas para representar o preço inicial do ativo subjacente, o preço de exercício da opção, o tempo até a maturidade, a taxa de juros livre de risco, a volatilidade do ativo subjacente e o número de simulações a serem feitas, respectivamente.
- Finalmente, a função é chamada com esses valores e o preço da opção é impresso.

O código resultará na impressão do preço estimado de uma opção de compra europeia com base nas entradas fornecidas e na simulação de Monte Carlo do modelo de Black-Scholes.

O preço exato da opção dependerá da execução exata do código, pois a simulação de Monte Carlo envolve geração de números aleatórios, e, portanto, o resultado pode variar a cada execução. No entanto, com um número suficientemente grande de simulações (como 1.000, neste exemplo), o preço estimado deve ser uma boa aproximação do preço teórico da opção calculada pela fórmula de Black-Scholes.

---

[4] O modelo de Black-Scholes é uma fórmula matemática usada para determinar o preço justo de opções de compra e venda europeias, levando em consideração o preço do ativo subjacente, o tempo até a expiração da opção, a volatilidade do ativo e a taxa de juros livre de risco. Esse modelo revolucionou a forma como as opções são precificadas no mercado financeiro, introduzindo a noção de que é possível criar uma carteira livre de risco por meio da replicação dinâmica do ativo subjacente e das opções.

A principal razão pela qual a simulação de Monte Carlo é usada nesse contexto é para modelar incertezas. Ao gerar múltiplos cenários possíveis e observar os resultados, os investidores podem ter uma ideia melhor da gama de possíveis resultados e dos riscos associados a cada decisão.

> ### Preste atenção!
> Esse preço é apenas uma estimativa baseada nas entradas fornecidas. Na prática, fatores como a volatilidade do mercado, o comportamento do preço do ativo subjacente e a possibilidade de exercício antecipado da opção podem afetar o preço real da opção. Portanto, é importante usar esse código como parte de uma análise mais ampla ao tomar decisões de investimento.

5.2.3 Repetição de experimentos

Uma característica essencial da simulação de Monte Carlo é a repetição de experimentos. Para cada repetição, ou *run*, um novo conjunto de valores para as variáveis de entrada é gerado por meio de suas distribuições de probabilidade. Esses valores, então, são usados para calcular os resultados correspondentes. O processo é repetido muitas vezes, com cada repetição fornecendo um resultado possível (Robinson, 2014).

Ao final de muitas repetições na simulação de Monte Carlo, obtemos uma coleção de resultados possíveis, cada um correspondendo a um cenário particular definido pela amostra das variáveis de entrada. Essa coleção de resultados forma uma distribuição empírica que reflete a variabilidade e a incerteza inerentes ao sistema modelado.

Essa distribuição pode ser analisada estatisticamente para obter métricas-resumo, como a média, a mediana, os percentis e os intervalos de confiança. Além disso, ela permite análises de sensibilidade e risco, fornecendo **informações** sobre como diferentes fatores contribuem para a variabilidade dos resultados e qual a probabilidade de ocorrência de diferentes resultados ou eventos.

Exemplificando 5.2

Exemplificaremos com uma simulação de Monte Carlo aplicada ao investimento em ações.

Vamos supor que estamos considerando investir em uma determinada ação e queremos avaliar a probabilidade de diferentes resultados após um ano de investimento. Temos dados históricos dos últimos cinco anos que nos permitem calcular a média e o desvio-padrão dos retornos diários da ação.

Os retornos futuros, no entanto, são incertos, uma vez que podem seguir a mesma média e o mesmo desvio-padrão dos últimos cinco anos ou podem variar dependendo de uma série de fatores imprevisíveis.

A simulação de Monte Carlo nos permite explorar essa incerteza. Podemos modelar os retornos diários como uma variável aleatória com a média e o desvio-padrão calculados com base em dados históricos. Em seguida, simulamos um ano de negociação (aproximadamente, 252 dias de negociação), gerando um retorno aleatório para cada dia e acumulando esses retornos.

Código Python: Simulação de retorno anual

```python
import numpy as np
# Dados históricos
average_daily_return = 0.0005
std_dev_daily_return = 0.01
# Número de dias de negociação em um ano
num_trading_days = 252
# Simulação de Monte Carlo para um ano de negociação
total_return = np.random.normal(loc=average_daily_return, scale=std_dev_daily_return, size=num_trading_days).sum()
```

Uma única simulação nos fornece uma amostra do que pode acontecer após um ano de investimento. Para entender o leque completo de resultados possíveis e as probabilidades associadas a eles, repetimos essa simulação muitas vezes, formando, assim, uma distribuição de possíveis resultados.

Portanto, repetimos essa simulação, por exemplo, 10.000 vezes, como segue.

Código Python: Simulação de retorno anual com simulação de Monte Carlo

```python
num_simulations = 10000
total_returns = []
for _ in range(num_simulations):
    total_return = np.random.normal(loc=average_daily_return, scale=std_dev_daily_return, size=num_trading_days).sum()
    total_returns.append(total_return)
```

Agora, temos uma distribuição de 10.000 resultados possíveis após um ano de investimento. Podemos analisar essa distribuição para entender melhor o risco e o retorno potencial de nosso investimento. Por exemplo, podemos calcular a média e o desvio-padrão dos retornos, ou avaliar a probabilidade de ter um retorno negativo.

A lista de retornos totais é chamada *total_returns* no código Python que foi fornecido. Pode-se usar essa lista diretamente na análise. Por exemplo, podemos calcular a média e o desvio-padrão dos retornos, como mostrado a seguir:

Código Python: Análise de retorno da simulação

```
# Calcular a média e o desvio-padrão dos retornos
average_return = np.mean(total_returns)
std_dev_return = np.std(total_returns)
print("Retorno médio: ", average_return)
print("Desvio padrão do retorno: ", std_dev_return)
```

Além disso, se quisermos visualizar a distribuição dos retornos, podemos usar uma biblioteca de visualização, como o Matplotlib, para criar um histograma. Segue um exemplo de como podemos fazer isso:

Código Python: Visualização das distribuições de retorno

```
import matplotlib.pyplot as plt
# Crie um histograma dos retornos
plt.hist(total_returns, bins=50, alpha=0.6)
plt.title('Distribuição dos retornos após um ano')
plt.xlabel('Retorno total')
plt.ylabel('Frequência')
plt.show()
```

Esse código criará um histograma que mostra a distribuição dos retornos após um ano, com base nas simulações de Monte Carlo. A distribuição pode dar uma ideia da probabilidade de diferentes resultados, ajudando a entender o risco e a incerteza associados ao investimento.

Gráfico 5.3 – Distribuição de retornos após um ano

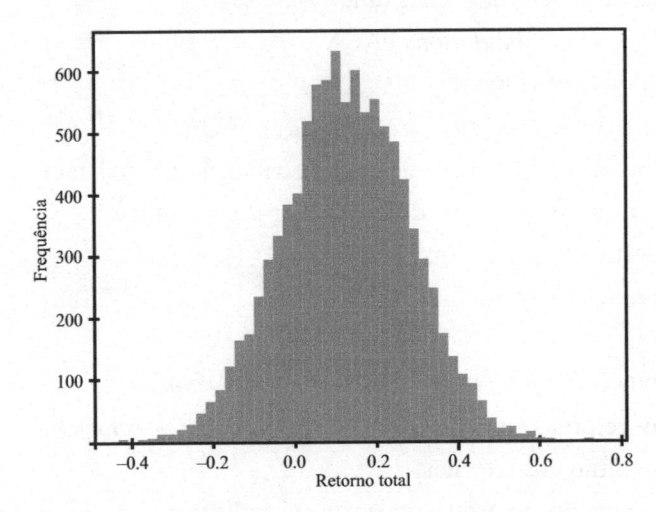

Além disso, o código também fornece os valores para o retorno médio: 0,12551092391779148; e o desvio-padrão do retorno: 0,15689945153444976.

O retorno médio de 0,1282, aproximadamente, indica que, com base nas 10.000 simulações feitas, o retorno médio esperado após um ano de investimento é de, aproximadamente, 12,82%. Em outras palavras, se investíssemos repetidamente nas mesmas condições, esperaríamos, em média, um retorno de 12,82% sobre o investimento após um ano.

Já o desvio-padrão do retorno de 0,1554 indica a volatilidade ou o risco associado a esse investimento. Essa medida mostra o quanto os retornos individuais das 10.000 simulações se desviam da média de 12,82%. Um desvio-padrão maior significa que os retornos estão mais dispersos em torno da média, o que implica maior incerteza e maior risco.

Assim, embora o retorno médio possa parecer atraente, o desvio-padrão relativamente alto indica que há um risco considerável envolvido. O retorno real em um dado ano pode ser significativamente maior ou menor do que 12,82%, e essa variação pode ser compreendida por meio do desvio-padrão.

Se estivermos tomando decisões de investimento, esses números ajudarão a avaliar se o nível de risco é aceitável para nós em relação ao retorno potencial. Essa avaliação depende do perfil de risco de cada investidor, das metas de investimento e de outros fatores que podem ser específicos para cada situação financeira.

Resumindo esse processo, escrevemos a estrutura de construção do código do problema a seguir.

1. Inicializar a média dos retornos diários (*average_daily_return*).
2. Inicializar o desvio-padrão dos retornos diários (*std_dev_daily_return*).
3. Definir o número de dias de negociação em um ano (*num_trading_days* = 252).
4. Definir o número de simulações a serem realizadas (*num_simulations* = 10000).
5. Criar uma lista para armazenar os retornos totais (*total_returns*).
6. PARA cada simulação de 1 até *num_simulations* FAÇA
    a) Inicializar a variável *total_return* como 0;
    b) PARA cada dia de negociação de 1 até *num_trading_days* FAÇA
        I. Gerar um retorno diário aleatório a partir de uma distribuição normal com média *average_daily_return* e desvio-padrão *std_dev_daily_return*;
        II. Adicionar o retorno diário a *total_return*;
    c) Adicionar *total_return* a *total_returns*.
7. FIM PARA
8. Calcular a média dos retornos (*average_return*) a partir de *total_returns*.
9. Calcular o desvio-padrão dos retornos (*std_dev_return*) a partir de *total_returns*.
10. Exibir a média e o desvio-padrão dos retornos.
11. (Opcional) Criar um histograma dos retornos totais para visualizar a distribuição.

Essa é a metodologia por trás da Simulação de Monte Carlo. Por meio da geração de números aleatórios, da modelagem de incertezas e da repetição de experimentos, podemos explorar o espaço de soluções possíveis e obter uma melhor compreensão da situação que estamos analisando.

5.3 Coleta de dados

Como sabemos, a coleta de dados é um aspecto fundamental de qualquer simulação. Uma vez que a simulação de Monte Carlo é marcadamente baseada na teoria das probabilidades e na geração de números aleatórios, é essencial que os dados usados para alimentar o modelo sejam confiáveis e representativos da situação que estamos tentando simular (Ross, 2006).

Na fase de coleta de dados, devemos identificar as fontes de variabilidade no sistema que está sendo modelado. As variáveis que podem ser aleatórias na natureza, como a demanda do cliente, o tempo de serviço ou a taxa de falha do equipamento, precisam ser identificadas (Andrade, 2002). Depois de identificadas, essas fontes de variabilidade devem ser quantificadas, o que pode envolver coleta de dados históricos, experimentos ou consulta a especialistas no campo.

Por exemplo, se estivermos modelando uma linha de produção, podemos coletar dados históricos sobre o tempo de serviço de cada estação de trabalho, o tempo de chegada dos trabalhadores, a taxa de defeito dos produtos, entre outros. Esses dados podem ser coletados por meio de registros históricos, observação direta ou experimentos controlados.

Depois de coletados, esses dados são usados para formar as distribuições de probabilidade que alimentam a simulação de Monte Carlo. A escolha da distribuição de probabilidade adequada é crucial para a precisão do modelo de simulação. As distribuições de probabilidade comumente usadas na simulação de Monte Carlo incluem a distribuição normal, a distribuição exponencial, a distribuição uniforme, a distribuição de Poisson, entre outras (Law; Kelton, 1999).

A coleta de dados adequada e a identificação correta das distribuições de probabilidade são fundamentais para a modelagem de simulação de Monte Carlo. Como apontado por Banks et al. (2005), a veracidade de uma simulação é diretamente proporcional à qualidade dos dados e à adequação das distribuições de probabilidade utilizadas.

Suponha que temos um conjunto de dados representando o tempo de serviço em uma estação de trabalho. Nesse contexto, o tempo de serviço permite que entendamos a eficiência geral do sistema, e uma distribuição exponencial pode ser apropriada se os eventos estiverem ocorrendo de forma independente e a uma taxa constante. A escolha da distribuição exponencial, aqui, é baseada na natureza do fenômeno que está sendo modelado e em informações empíricas ou teóricas sobre o processo.

Podemos carregar esses dados usando a biblioteca Pandas, no Python, e ajustar uma distribuição de probabilidade usando a biblioteca SciPy. O código a seguir mostra um exemplo disso:

Código Python: Ajuste da distribuição exponencial

```python
import pandas as pd
from scipy import stats
# Carregando os dados
data = pd.read_csv('data.csv')
# Ajustando uma distribuição exponencial aos dados
params = stats.expon.fit(data['service_time'])
print('Parâmetros da distribuição:', params)
```

Nesse exemplo, ajustamos uma distribuição exponencial aos dados do tempo de serviço e imprimimos os parâmetros da distribuição. Os parâmetros incluem o local e a escala, que descrevem a forma da distribuição exponencial e são essenciais para gerar números aleatórios que seguem essa distribuição na simulação de Monte Carlo. Esses números aleatórios podem, então, ser usados para simular o comportamento do sistema ao longo do tempo, fornecendo informações sobre o desempenho esperado e os possíveis gargalos.

Vejamos um exemplo de simulação de Monte Carlo aplicado ao campo financeiro, com foco na precificação de opções. A técnica de Monte Carlo pode ser útil para opções que têm pagamentos complexos, as quais podem ser difíceis ou impossíveis de calcular analiticamente.

Vamos supor que temos uma opção de compra europeia[5] em uma ação não pagadora de dividendos. O preço atual da ação é de U$ 100 (cem dólares), o preço de exercício da opção é de $ 105, a taxa de juros livre de risco é de 5% ao ano, a volatilidade da ação é de 20% e a opção expira em um ano.

Podemos modelar a evolução do preço da ação com a seguinte equação diferencial estocástica:

$$dS = rSdt + \sigma SdW$$

em que S é o preço da ação, r é a taxa de juros livre de risco, σ é a volatilidade da ação e W é um movimento browniano.

---

[5] Uma opção de compra europeia é um tipo de contrato de opção que dá ao detentor o direito, mas não a obrigação, de comprar um ativo subjacente por um preço predeterminado (preço de exercício) em uma data específica de vencimento. A característica "europeia" indica que a opção só pode ser exercida na data de vencimento, diferentemente das opções americanas, que podem ser exercidas a qualquer momento antes do vencimento. O valor justo ou teórico mencionado é o preço calculado para a opção com base em modelos de precificação, como o modelo de Black-Scholes, e serve como referência para identificar oportunidades de arbitragem no mercado.

Vamos relembrar alguns conceitos?

> O movimento browniano, também conhecido como *processo de Wiener*, é um modelo matemático usado para descrever fenômenos estocásticos observados em vários campos, incluindo a física e a finança.
>
> Na física, o movimento browniano foi originalmente usado para descrever o movimento aleatório de partículas microscópicas suspensas em um fluido, que ocorre como resultado de colisões contínuas com as moléculas do fluido.
>
> No campo financeiro, o movimento browniano é usado para modelar a evolução dos preços das ações ao longo do tempo. Esse modelo assume que os retornos das ações são independentes e que a variação do preço das ações tem uma distribuição normal.
>
> Em termos matemáticos, o movimento browniano W pode ser representado pela equação diferencial estocástica:
>
> $$dW = Z\sqrt{dt}$$
>
> em que dW é uma variação do processo de Wiener, *dt* é uma pequena variação do tempo, e Z é uma variável aleatória normal padrão.
>
> No nosso exemplo, a evolução do preço da ação é modelada usando o movimento browniano geométrico – uma versão do movimento browniano que assume que os retornos das ações são log-normalmente distribuídos.

Primeiro, coletamos os dados, que, nesse contexto, são os parâmetros do problema. As demais etapas serão dependentes dessa coleta, que pode ser feita por meio de várias fontes, dependendo dos parâmetros:

- **Preço atual da ação (S0)**: Pode ser obtido de fontes de mercado ao vivo, como a Bloomberg, a Reuters, ou de plataformas de negociação *on-line*.
- **Preço de exercício da opção (K)**: Normalmente, é um valor acordado entre as partes ou pode ser uma opção listada com preço de exercício já determinado.
- **Taxa de juros livre de risco (r)**: Pode ser baseada em títulos do governo com vencimento semelhante ao da opção.
- **Volatilidade da ação (σ)**: Pode ser calculada com base no histórico de preços da ação usando métodos estatísticos, ou obtida por meio de fornecedores de dados de mercado.
- **Tempo de expiração da opção (T)**: Normalmente, é definido nas especificações da opção.

Esses dados são fundamentais para a simulação e devem ser coletados com cuidado e precisão. Vamos supor para esse exemplo:

- Preço atual da ação (S0): $ 100.
- Preço de exercício da opção (K): $ 105.
- Taxa de juros livre de risco (r): 5% ao ano (0,05).
- Volatilidade da ação (σ): 20% (0,20).
- Tempo de expiração da opção (T): 1 ano.
- Número de caminhos de simulação: 10.000.
- Número de intervalos de tempo na simulação: 252 (número típico de dias de negociação em um ano).

Agora, podemos proceder para simular o preço da ação no vencimento da opção e calcular o valor da opção para cada simulação. O valor da opção é o máximo entre o preço da ação no vencimento da opção menos o preço de exercício e zero.

Vejamos ideias para essa implementação

1. Inicializar os parâmetros da opção: Preço inicial da ação (S0), preço de exercício (K), taxa de juros livre de risco (r), volatilidade da ação (*sigma*), tempo de expiração (T).
2. Inicializar os parâmetros da simulação: Número de simulações (*num_simulations*), número de passos de tempo (*num_steps*).
3. Calcular o intervalo de tempo (dt) como T / *num_steps*.
4. Criar uma matriz para armazenar os preços das ações (*prices*), com tamanho (*num_steps* + 1) × (*num_simulations*), e inicializar o primeiro valor com S0.
5. Para *t* de 1 até *num_steps*:
    a) Gerar um vetor de números aleatórios com distribuição normal padrão (*brownian*) com tamanho (*num_simulations*)
    b) Calcular o preço da ação no tempo *t* usando a fórmula:
    prices[t] = prices[t – 1] * exp((r – 0.5 * sigma^2) * dt + sigma * sqrt(dt) * brownian)
6. Calcular o *payoff* da opção para cada simulação:
    payoffs = max(prices[–1] – K, 0)
7. Calcular o valor esperado descontado da opção:
    option_price = exp(–r * T) * mean(payoffs)
8. Imprimir o preço da opção.

Aqui está o exemplo descrito em Python:

Código Python: Simulação de preço de opção europeia pelo método de Monte Carlo

```python
import numpy as np
# Parâmetros da opção
S0 = 100
K = 105
r = 0.05
sigma = 0.2
T = 1
# Parâmetros da simulação
num_simulations = 100000
num_steps = 252
# Simulação do preço da ação
dt = T / num_steps
prices = np.zeros((num_steps + 1, num_simulations))
prices[0] = S0
for t in range(1, num_steps + 1):
    brownian = np.random.standard_normal(num_simulations)
    prices[t] = prices[t - 1] * np.exp((r - 0.5 * sigma ** 2) * dt +
                    sigma * np.sqrt(dt) * brownian)
# Cálculo do valor da opção para cada simulação
payoffs = np.maximum(prices[-1] - K, 0)
# Cálculo do valor esperado descontado da opção
option_price = np.exp(-r * T) * np.mean(payoffs)
print('Preço da opção:', option_price)
```

O resultado obtido será 8,010190953737467, que representa o valor justo ou teórico da opção de compra europeia para os parâmetros dados. Isso significa que, se o preço de mercado da opção estiver significativamente diferente desse valor, pode existir uma oportunidade de arbitragem.

A simulação de Monte Carlo foi utilizada para modelar a trajetória do preço da ação sob essas condições, usando 100.000 simulações e 252 passos de tempo. O resultado, 8,010190953737467, é uma estimativa do valor da opção, considerando as probabilidades e os retornos potenciais.

Como já ressaltamos, as simulações de Monte Carlo dependem do entendimento da teoria das probabilidades, da correta coleta de interpretação de dados e da identificação das distribuições de probabilidade aplicadas.

Mesmo em casos em que a solução analítica é conhecida, essa abordagem oferece uma forma intuitiva e visual de entender o problema e sua solução. À medida que avançamos para uma era cada vez mais dominada por dados e computação, é provável que as simulações de Monte Carlo desempenhem um papel cada vez mais importante na modelagem e na resolução de problemas complexos em todas as disciplinas.

5.4 Análise e tratamento de dados coletados

Analisar e interpretar os dados coletados pode ser um desafio, principalmente, devido à natureza estocástica dos dados. A análise de dados de uma simulação de Monte Carlo envolve não apenas a interpretação dos resultados da simulação, mas também a avaliação da qualidade e da confiabilidade dos dados coletados.

A primeira etapa dessa análise é a visualização dos resultados. A visualização dos dados pode ajudar a entender a distribuição dos resultados e identificar quaisquer anomalias ou *outliers* (Banks et al., 2005).

O QUE É

Definição: no contexto da estatística, os *outliers* são pontos de dados que se desviam significativamente dos outros pontos na mesma amostra. Eles podem indicar variabilidade extrema, erros de medição ou peculiaridades da distribuição de dados. Na simulação de Monte Carlo, que envolve a geração de muitas amostras aleatórias para estimar a distribuição de um resultado desconhecido, *outliers* podem afetar significativamente os resultados médios e as estimativas de risco, levando a interpretações potencialmente enganosas.

Gráficos de histograma ou de densidade de Kernel são comumente usados para visualizar a distribuição dos resultados de uma simulação de Monte Carlo.

A estimativa de densidade de Kernel é uma técnica de suavização utilizada para visualizar a forma "verdadeira" de uma distribuição subjacente a um conjunto de dados. Essa técnica pode ser vista como uma generalização do histograma, em que a altura de cada ponto de dados é substituída por uma função de densidade (o kernel) centrada nesse ponto. A densidade de Kernel fornece uma visualização mais suave e contínua da distribuição dos dados do que o histograma e é útil na análise de dados de simulação de Monte Carlo, na qual a distribuição subjacente dos dados pode não ser conhecida *a priori*.

Suponha que tenhamos feito uma simulação de Monte Carlo para algum fenômeno estocástico e, agora, desejamos analisar a distribuição dos resultados. Para isso, vamos supor que os dados estejam armazenados em um *array*[6] ou lista e desejamos visualizar a distribuição usando um histograma e a estimativa de densidade de Kernel.

---

6 Um *array* é uma estrutura de dados que armazena uma coleção de elementos, tipicamente do mesmo tipo, em posições contíguas na memória. Em contextos de simulação de Monte Carlo, *arrays* são usados para armazenar e manipular grandes conjuntos de resultados das simulações, facilitando análises estatísticas.

Vamos começar importando as bibliotecas necessárias e preparando um conjunto de dados como exemplo. Devemos nos certificar de ter as bibliotecas Pandas e Matplotlib instaladas.

Agora, vamos criar um *data frame* usando a biblioteca Pandas para armazenar esses resultados:

Código Python: Dataframe

```python
import pandas as pd
# Exemplo de dados: resultados de uma simulação de Monte Carlo fictícia
data = [3.2, 4.5, 2.8, 3.9, 4.1, 3.3, 3.5, 4.0, 3.7]
results = pd.DataFrame({'results': data})
```

Agora, podemos plotar um histograma dos resultados usando o seguinte código em Python:

Código Python: Histograma dos resultados da simulação

```python
import matplotlib.pyplot as plt
results['results'].hist(bins=50, density=True)
plt.xlabel('Resultados')
plt.ylabel('Densidade')
plt.title('Histograma dos Resultados da Simulação')
plt.show()
```

Essa ação vai gerar o gráfico a seguir.

Gráfico 5.4 – Histograma dos resultados da simulação de Monte Carlo

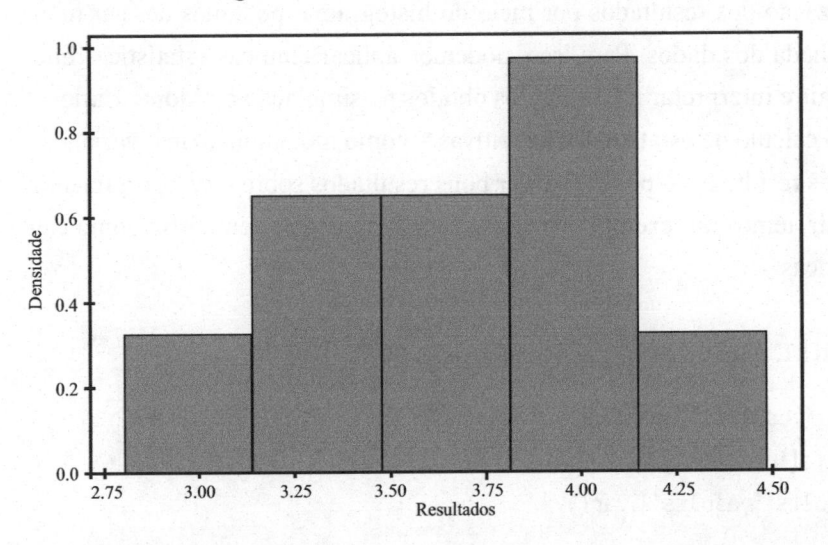

Segue um exemplo de código para plotar a estimativa de densidade de Kernel:

Código Python: Estimativa de densidade de Kernel dos resultados da simulação

```
results['results'].plot(kind='density')
plt.xlabel('Resultados')
plt.ylabel('Densidade')
plt.title('Estimativa de Densidade de Kernel dos Resultados da Simulação')
plt.show()
```

Essa ação irá gerar o gráfico apresentado a seguir.

Gráfico 5.5 – Estimativa de densidade de Kernel dos resultados da simulação

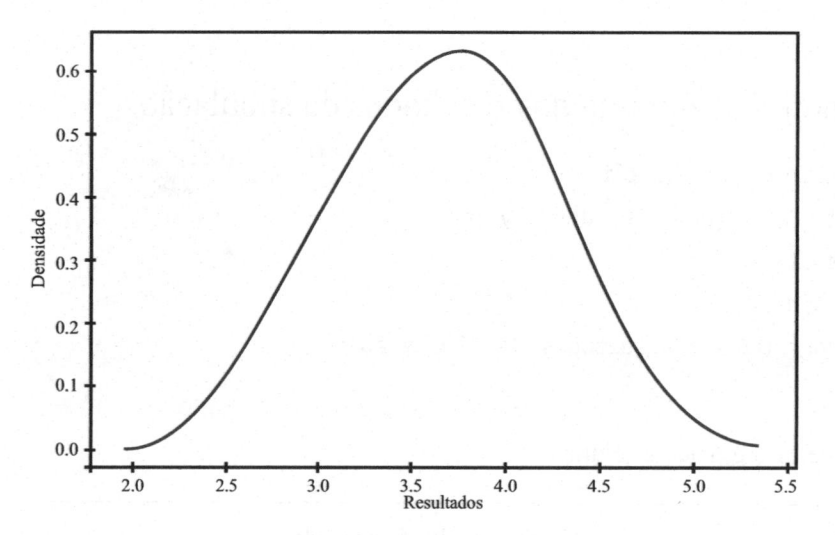

Após a visualização dos resultados por meio do histograma, podemos desejar uma análise mais detalhada dos dados. Para isso, podemos aplicar técnicas estatísticas que vão permitir resumir e interpretar os resultados obtidos na simulação de Monte Carlo.

Por exemplo, o cálculo de estatísticas descritivas – como média, mediana, variância e desvio-padrão dos resultados – pode fornecer bons resultados sobre o comportamento dos dados. A seguir, temos um exemplo de código em Python que demonstra como calcular essas estatísticas:

Código Python: Análise estatística dos resultados

```
mean = results['results'].mean()
median = results['results'].median()
variance = results['results'].var()
```

```
standard_deviation = results['results'].std()
print(f'Média: {mean}')
print(f'Mediana: {median}')
print(f'Variância: {variance}')
print(f'Desvio padrão: {standard_deviation}')
```

Além das estatísticas básicas, técnicas avançadas, como a construção de intervalos de confiança, podem ser aplicadas para avaliar a qualidade e a confiabilidade dos dados coletados (Law; Kelton, 1999). Essas análises adicionais proporcionam a compreensão mais profunda dos resultados da simulação, permitindo a tomada de decisão mais informada. Por exemplo, um intervalo de confiança de 95% para a média oferece uma perspectiva sobre a faixa na qual esperaríamos que a média dos resultados se situasse em 95% das repetições da simulação.

Para explorar ainda mais os dados, testes estatísticos podem ser aplicados para responder a perguntas específicas. Pode-se utilizar um teste *t* para verificar se a média dos resultados coincide com um valor predefinido, ou um teste de qui-quadrado para testar a conformidade dos resultados com uma distribuição particular (Andrade, 2002).

O QUE É

Definição: o teste *t* é usado para comparar a média de um conjunto de dados com um valor teórico ou a média de outro conjunto, assumindo que os dados seguem uma distribuição normal. É útil para amostras pequenas. Já o teste qui-quadrado (χ^2) avalia a adequação de uma distribuição de frequência observada em relação a uma distribuição esperada, ou testa a independência de duas variáveis categóricas em uma tabela de contingência. É aplicado a dados categóricos para avaliar hipóteses sobre distribuições de frequência.

Esses testes estatísticos podem ajudar a responder a perguntas como:

- Há evidências estatísticas de que a média dos resultados é significativamente diferente de um valor-alvo?
- Os resultados estão distribuídos de acordo com uma distribuição esperada?
- Existe uma associação estatisticamente significativa entre duas variáveis específicas?

A aplicação adequada desses testes estatísticos depende das questões de pesquisa e dos objetivos do estudo em questão.

Na prática, a análise dos dados de uma simulação de Monte Carlo deve ser feita em conjunto com a avaliação da qualidade dos dados coletados e da adequação do modelo de simulação. Como apontado por Banks et al. (2005), a validade de uma simulação é diretamente proporcional à qualidade dos dados e à adequação do modelo de simulação.

Para esse fim, o modelo de simulação pode ser validado comparando os resultados da simulação com dados observados ou com os resultados de um modelo analítico conhecido. Se os resultados da simulação se ajustarem bem aos dados observados ou aos resultados do modelo analítico, isso pode resultar em confiança na validade do modelo de simulação.

Se os resultados da simulação não se ajustarem bem aos dados observados ou aos resultados do modelo analítico, isso pode indicar que o modelo de simulação não é adequado e precisa ser revisado. A documentação adequada, considerações éticas e de privacidade, revisão por pares e reflexão contínua também podem ser partes vitais desse processo.

Exercício resolvido 5.1

Como gestores de investimento, estamos considerando uma carteira de ativos. Precisamos quantificar o risco associado a essa carteira considerando a possibilidade de grandes perdas devido a flutuações adversas no mercado. Para isso, usaremos a simulação de Monte Carlo para modelar a evolução do valor da carteira sob diferentes cenários de mercado.

O primeiro passo para aplicar a simulação de Monte Carlo a esse problema é definir o modelo de simulação. Nesse caso, assumiremos que o retorno de cada ativo na carteira segue um movimento browniano geométrico. O movimento browniano geométrico é definido pela seguinte equação diferencial estocástica:

$$S(t + \Delta t) = S(t)e^{\left(\mu - \frac{1}{2}\sigma^2\right)\Delta t + \sigma\sqrt{\Delta t} \cdot Z}$$

em que S é o preço do ativo, μ é o retorno esperado do ativo, σ é a volatilidade do ativo, e Z é uma variável aleatória normalmente distribuída com média 0 e desvio-padrão 1.

Em seguida, vamos discretizar essa equação para obter uma aproximação para a evolução do preço do ativo ao longo do tempo.

Código Python: Simulação de preço de ativo financeiro com movimento browniano geométrico

```python
import numpy as np # Importa a biblioteca numpy para operações matemáticas e geração de números aleatórios.

# Define a função para simular o preço de um ativo ao longo do tempo.
def simulate_asset_price(S0, mu, sigma, dt, T):
    # Calcula o número de passos de tempo com base no intervalo de tempo total 'T' e no tamanho do passo 'dt'.
    N = round(T/dt)
```

```python
# Gera uma sequência de incrementos normais, representando o ruído no
movimento do preço do ativo.
  Z = np.random.normal(0, 1, N)


# Inicializa um array para armazenar os preços simulados do ativo em
cada passo de tempo.
  S = np.zeros(N)
  S[0] = S0 # Define o preço inicial do ativo.

# Loop para simular a evolução do preço do ativo em cada passo de tempo.
for t in range(1, N):
    # Atualiza o preço do ativo com base na equação do Movimento Brow-
niano Geométrico.
    S[t] = S[t-1] * np.exp((mu - 0.5*sigma**2)*dt + sigma*np.sqrt(dt)*Z[t])

# Retorna a série de preços simulados do ativo.
  return S
```

Com o modelo para a evolução do preço de cada ativo na carteira, simulamos a evolução do valor total da carteira sob diferentes cenários de mercado. Ao analisar a distribuição dos resultados da simulação, quantificamos o risco associado à carteira. Por exemplo, podemos calcular a perda máxima esperada (*Value at Risk* – VaR), que é uma medida comumente usada de risco financeiro (Longerstaey et al., 1996).

Assim, para aplicar a simulação de Monte Carlo, precisamos:

- **Definir a carteira**: Precisaremos definir os ativos em carteira, incluindo o preço inicial, o retorno esperado, a volatilidade e a ponderação de cada ativo na carteira.
- **Simular a carteira**: Usando a função, por exemplo, *simulate_asset_price*, podemos simular o preço de cada ativo na carteira ao longo do tempo. Multiplicamos o preço simulado pelo peso do ativo na carteira a fim de obter a contribuição desse ativo para o valor total da carteira. Somamos, então, essas contribuições para obter o valor total da carteira em cada ponto no tempo.
- **Calcular o risco**: Com a distribuição simulada do valor da carteira, podemos calcular medidas de risco, como o VaR. Por exemplo, o VaR de 5% é o valor tal que há uma probabilidade de 5% de que a perda seja maior do que esse valor.

Vamos considerar a seguinte situação: um gestor de investimentos está considerando uma carteira composta por dois ativos. O primeiro ativo tem um retorno esperado de 5% ao ano e uma volatilidade de 20%. O segundo ativo tem um retorno esperado de 7% ao ano e uma volatilidade de 30%. A correlação entre os retornos dos dois ativos é 0,5. Ele quer quantificar o risco associado a essa carteira. Como ele deve aplicar a simulação de Monte Carlo para resolver esse problema?

Primeiro, precisamos definir os parâmetros do problema, que são as propriedades dos ativos na carteira e a correlação entre eles:

Código Python: Inicialização de parâmetros para simulação de portfólio de ativos

```python
# Definição das propriedades iniciais dos dois ativos financeiros.
S0_1 = 100 # Preço inicial do ativo 1, estabelecido em 100 unidades monetárias.
S0_2 = 100 # Preço inicial do ativo 2, também estabelecido em 100 unidades monetárias.

# Taxas de retorno esperadas para cada ativo.
mu_1 = 0.05 # Retorno esperado do ativo 1, indicando um crescimento anual de 5%.
mu_2 = 0.07 # Retorno esperado do ativo 2, indicando um crescimento anual de 7%.

# Volatilidades dos ativos, representando o grau de variação nos preços dos ativos.
sigma_1 = 0.20 # Volatilidade do ativo 1, indicando uma variação de preços de 20%.
sigma_2 = 0.30 # Volatilidade do ativo 2, indicando uma variação de preços maior, de 30%.

# Correlação entre os ativos, indicando como os movimentos de preços de um ativo estão relacionados aos do outro.
rho = 0.5 # Coeficiente de correlação de 0.5, indicando uma correlação positiva moderada entre os ativos.

# Definição do período de simulação e da resolução temporal da simulação.
T = 1 # O período de simulação é de 1 ano.
dt = 1/252 # A resolução da simulação é diária, assumindo 252 dias úteis em um ano.
```

Agora, podemos usar a função *simulate_asset_price* definida anteriormente para simular a evolução dos preços dos ativos. No entanto, temos de ter cuidado para garantir que a correlação entre os ativos seja levada em conta. Para isso, aplicamos a decomposição de Cholesky para gerar variáveis aleatórias correlacionadas (Press et al., 2007).

> ## O QUE É
>
> A *decomposição de Cholesky* é uma técnica de fatoração de matriz usada para decompor uma matriz hermitiana[7] positiva definida em um produto de uma matriz triangular inferior e sua adjunta. No contexto de geração de variáveis aleatórias correlacionadas, a decomposição de Cholesky pode ser usada para transformar uma coleção de variáveis aleatórias independentes em uma coleção de variáveis aleatórias correlacionadas.

Em Python, isso pode ser feito da seguinte maneira:

Código Python: Simulação de preços de portfólio com correlação

```python
def simulate_portfolio_prices(S0_1, S0_2, mu_1, mu_2, sigma_1, sigma_2, rho, dt, T):
    # Calcula o número de passos de tempo com base na duração total da simulação 'T' e no intervalo de tempo 'dt'.
    N = round(T/dt)

    # Cria a matriz de correlação entre os dois ativos usando o coeficiente de correlação 'rho'.
    corr_matrix = np.array([[1, rho], [rho, 1]])
    # Realiza a decomposição de Cholesky na matriz de correlação para gerar incrementos correlacionados.
    L = np.linalg.cholesky(corr_matrix)

    # Gera uma matriz de choques aleatórios normais que são posteriormente correlacionados pela matriz 'L'.
    Z = np.dot(L, np.random.normal(0, 1, (2, N)))

    # Inicializa os arrays para armazenar os preços simulados dos dois ativos.
    S1 = np.zeros(N)
```

---

7 Uma matriz hermitiana é uma matriz quadrada em que a transposta conjugada (também chamada de *adjunta*) da matriz é igual à matriz original.

```python
    S2 = np.zeros(N)
    # Define os preços iniciais dos ativos.
    S1[0] = S0_1
    S2[0] = S0_2

    # Loop para simular a evolução dos preços dos ativos em cada passo de tempo.
    for t in range(1, N):
        # Atualiza o preço do ativo 1 usando o modelo geométrico de Brownian Motion.
        S1[t] = S1[t-1] * np.exp((mu_1 - 0.5*sigma_1**2)*dt + sigma_1*np.sqrt(dt)*Z[0,t])
        # Atualiza o preço do ativo 2 de forma similar.
        S2[t] = S2[t-1] * np.exp((mu_2 - 0.5*sigma_2**2)*dt + sigma_2*np.sqrt(dt)*Z[1,t])

    # Retorna os arrays contendo os preços simulados dos dois ativos ao longo do tempo.
    return S1, S2
```

O Gráfico 5.6 ilustra a evolução dos preços dos dois ativos na carteira ao longo do período de simulação de um ano. As linhas representam os preços simulados dos ativos, refletindo as flutuações diárias de acordo com o movimento browniano geométrico.

Gráfico 5.6 – Evolução dos preços dos ativos

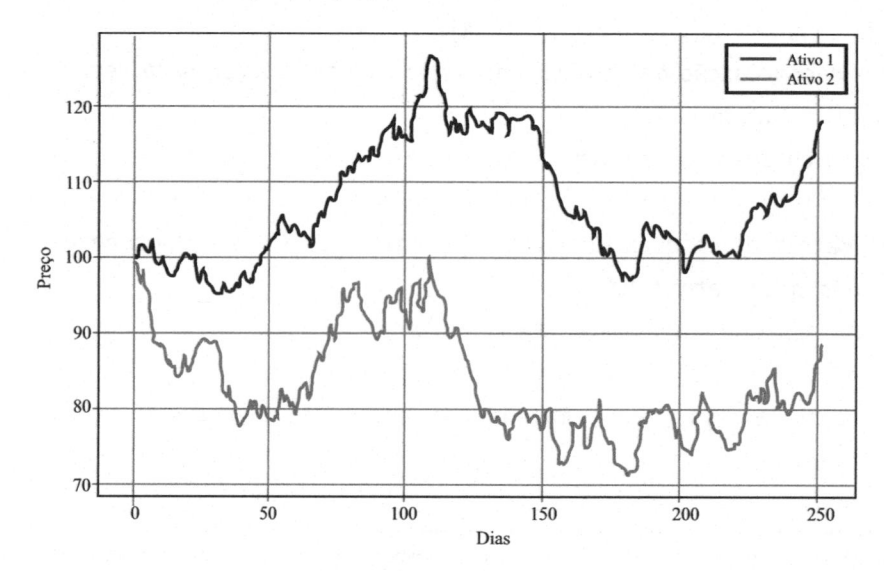

A visualização dessas trajetórias nos ajuda a entender como os preços dos ativos podem variar ao longo do tempo, sujeitos às suas respectivas volatilidades e correlação. A simulação de Monte Carlo permite a geração de múltiplos cenários, oferecendo uma visão abrangente das possíveis trajetórias de preço.

Depois de definir a função *simulate_portfolio_prices*, podemos prosseguir com a análise da carteira:

- **Definir a carteira**: Os ativos, seus preços iniciais, retornos esperados, volatilidades e a correlação entre eles já foram definidos.
- **Simular a carteira**: Utilizaremos a função *simulate_portfolio_prices* para simular a evolução dos preços dos ativos na carteira. A ponderação de cada ativo na carteira será considerada para calcular o valor total da carteira em cada ponto no tempo:

Código Python: Cálculo do valor de um portfólio de dois ativos

```python
w1 = 0.5 # Define o peso do ativo 1 no portfólio. Neste caso, 50% do portfólio é composto pelo ativo 1.
w2 = 0.5 # Define o peso do ativo 2 no portfólio. Neste caso, 50% do portfólio é composto pelo ativo 2.

# Chama a função 'simulate_portfolio_prices' para simular os preços dos dois ativos ao longo do tempo.
# Os preços simulados são armazenados nas variáveis 'S1' e 'S2'.
S1, S2 = simulate_portfolio_prices(S0_1, S0_2, mu_1, mu_2, sigma_1, sigma_2, rho, dt, T)

# Calcula o valor total do portfólio em cada ponto no tempo, combinando os preços dos ativos com seus respectivos pesos.
# O valor do portfólio é calculado como uma soma ponderada dos preços dos ativos, onde 'w1' e 'w2' são os pesos.
portfolio_value = w1 * S1 + w2 * S2
```

O Gráfico 5.7 nos ajudará a visualizar esse resultado. Ele aponta a evolução do valor total da carteira ao longo do período de simulação. A linha no gráfico representa a soma ponderada dos preços dos ativos em cada ponto no tempo, refletindo a composição da carteira.

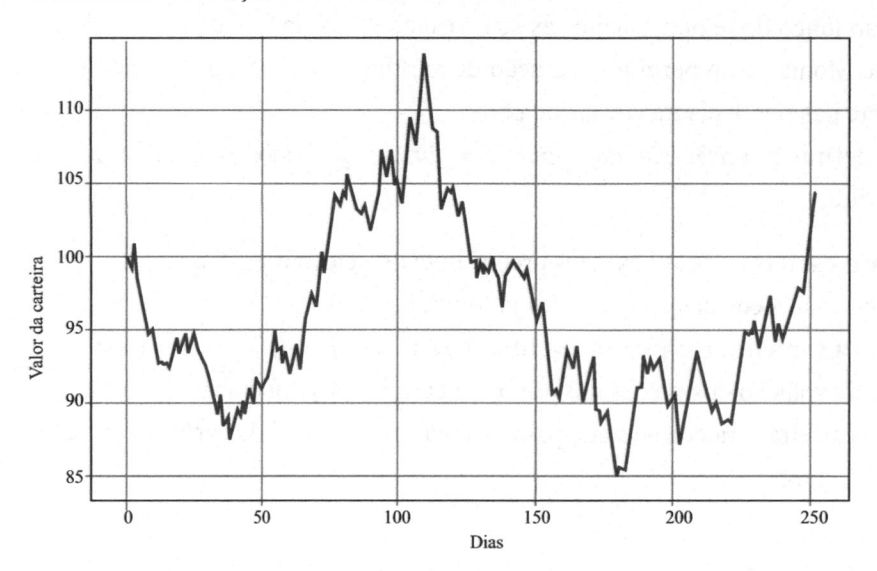

Gráfico 5.7 – Evolução do valor total da carteira

Esse gráfico fornece uma visão clara de como a carteira como um todo pode se comportar sob diferentes condições de mercado. A análise visual do valor total da carteira é fundamental para a compreensão do impacto agregado das flutuações dos preços dos ativos na carteira

Com a distribuição simulada do valor da carteira, calcularemos medidas de risco, como o VaR:

> **Código Python: Cálculo de VaR diário de 5% ara um portfólio**
>
> ```
> # Calcular a perda diária
> daily_loss = portfolio_value[:-1] - portfolio_value[1:]
> # Calcular o VaR de 5%
> VaR_5 = np.percentile(daily_loss, 5)
> ```

Por meio do Gráfico 5.8, podemos visualizar esse resultado. O gráfico mostra a distribuição das perdas diárias da carteira, juntamente com o VaR de 5%. A distribuição das perdas é representada como um histograma, e o VaR é indicado por uma linha vertical.

Gráfico 5.8 – Distribuição das perdas diárias e VaR de 5%

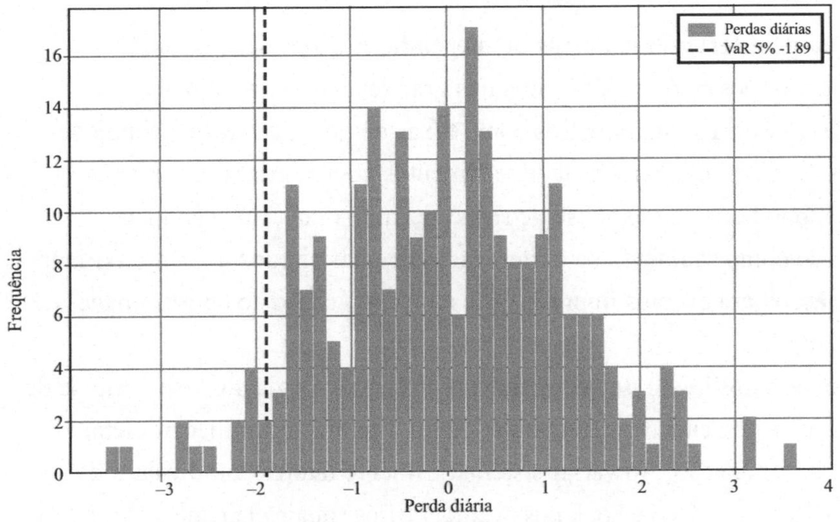

O Gráfico 5.8 oferece uma representação visual do risco associado à carteira, destacando a região onde as perdas mais significativas podem ocorrer. O VaR, em particular, quantifica a perda que pode ser esperada para ser excedida com uma probabilidade de 5%. A visualização dessa medida de risco em relação à distribuição das perdas diárias fornece informações sobre a natureza do risco na carteira.

Essa sequência de passos fornece uma análise completa da carteira, utilizando a simulação de Monte Carlo para modelar a evolução do valor da carteira sob diferentes cenários de mercado. A análise pode ser ajustada para diferentes carteiras e estratégias de investimento, fornecendo uma abordagem importante para a gestão de riscos em finanças.

A aplicação da simulação de Monte Carlo mostra sua versatilidade e eficácia na análise de risco financeiro. Ao modelar a evolução dos preços dos ativos por meio de um processo estocástico, e considerando a correlação entre os ativos, a simulação de Monte Carlo permite uma representação realista e complexa do mercado. Isso possibilita a quantificação do risco associado à carteira sob diferentes cenários de mercado, incluindo flutuações adversas. A abordagem é flexível e pode ser adaptada para diferentes ativos, correlações e estratégias de investimento. Além disso, a simulação de Monte Carlo oferece uma visão granular do comportamento da carteira ao longo do tempo, permitindo uma análise importante para a tomada de decisões.

A simulação de Monte Carlo pode ser ainda mais enriquecida por meio de análises adicionais que exploram diferentes facetas do risco financeiro.

- **Simulação de diferentes cenários de mercado**: A capacidade de simular diferentes cenários de mercado é uma das grandes forças da simulação de Monte Carlo. Ao variar parâmetros como taxas de juros, inflação e condições econômicas gerais, os gestores de investimentos podem criar uma série de cenários hipotéticos. Essa análise de *stress* permite uma avaliação mais completa do comportamento da carteira sob diversas circunstâncias, auxiliando na preparação para eventos imprevistos e na identificação de oportunidades de investimento.
- **Análise da sensibilidade dos resultados a diferentes parâmetros**: Trata-se de uma ferramenta essencial para entender como diferentes parâmetros afetam o resultado da simulação. Ao variar sistematicamente fatores como volatilidade, retorno esperado e correlação, é possível identificar quais elementos têm maior impacto no risco e no retorno da carteira. Essa compreensão pode guiar a seleção de ativos e a estratégia de investimento, tornando a gestão de riscos mais eficaz e informada.
- **Comparação com outras técnicas de análise de risco**: Comparar a simulação de Monte Carlo com outras abordagens, como análise de valor em risco histórico, abordagens paramétricas ou simulações *bootstrap*, pode revelar nuances importantes. Cada método tem suas próprias vantagens e desvantagens, e a compreensão dessas diferenças pode ajudar a selecionar a abordagem mais adequada para uma situação particular. Essa comparação enriquece a análise, fornecendo uma visão mais completa das ferramentas e técnicas disponíveis para a gestão de riscos.

Essas análises adicionais não apenas complementam a simulação de Monte Carlo, mas também aprofundam a compreensão do risco financeiro e das estratégias de mitigação. Elas oferecem uma visão mais holística e adaptável, permitindo uma análise mais refinada e robusta. Essa abordagem multifacetada é vital em um ambiente financeiro complexo e em constante mudança, onde a capacidade de se adaptar e responder a novos desafios é fundamental para o sucesso do investimento.

Exercício resolvido 5.2

Uma instituição bancária possui um sistema de atendimento ao cliente que opera de segunda a sexta-feira das 9 h às 17 h. Os clientes chegam ao banco de acordo com um processo de Poisson com uma taxa média de 10 clientes por hora. Uma vez que os clientes chegam, eles são atendidos por um dos dois caixas disponíveis, seguindo uma distribuição exponencial com uma taxa média de atendimento de 6 clientes por hora.

Nosso objetivo é simular o sistema de atendimento do banco por 30 dias de trabalho para entender o comportamento da fila de clientes – por exemplo, o número médio de clientes na fila, o tempo médio de espera na fila e a utilização média dos caixas.

Vamos agora descrever a modelagem e a implementação desse sistema de filas usando a simulação de Monte Carlo.

Primeiro, precisamos definir as variáveis que vão alimentar nossa simulação. Essas variáveis incluem o tempo de chegada dos clientes, o tempo de atendimento e o número de caixas disponíveis. Uma vez que essas variáveis são baseadas em processos aleatórios, podemos usar a biblioteca Numpy do Python para gerar esses valores a partir de distribuições de probabilidade apropriadas.

O código Python a seguir ilustra essa fase da modelagem:

Código Python: Inicialização e geração de dados para simulação de filas

```python
import numpy as np
# Parâmetros da simulação
num_days = 30
hours_per_day = 8
minutes_per_hour = 60
seconds_per_minute = 60
total_seconds = num_days * hours_per_day * minutes_per_hour * seconds_per_minute
# Taxa de chegada (clientes por segundo)
lambda_arrival = 10 / (minutes_per_hour * seconds_per_minute)
# Taxa de atendimento (clientes por segundo)
mu_service = 6 / (minutes_per_hour * seconds_per_minute)
# Número de caixas
num_tellers = 2
# Geração das chegadas dos clientes
arrival_times = np.cumsum(np.random.exponential(1/lambda_arrival, int(lambda_arrival * total_seconds * 1.3)))
# Geração dos tempos de serviço
service_times = np.random.exponential(1/mu_service, len(arrival_times))
```

Nesse código, estamos simulando a chegada dos clientes ao banco e o tempo que cada cliente leva para ser atendido. Note que estamos gerando um pouco mais de chegadas do que o necessário para garantir que temos o suficiente caso a última chegada ocorra antes do final do período de simulação.

■ Simulação do sistema de filas ■

Agora, precisamos simular o comportamento do sistema de filas ao longo do tempo. Para isso, vamos percorrer cada chegada de cliente e simular o atendimento ao cliente, o tempo de espera na fila e a utilização dos caixas.

O próximo código Python demonstra essa fase da simulação:

Código Python: Simulação do processo de atendimento e análise de desempenho

```python
# Inicialização das variáveis de simulação
num_in_queue = 0 # Contador de clientes que entraram na fila
queue_wait_times = [] # Lista para armazenar os tempos de espera na fila de cada cliente
teller_busy_until = np.zeros(num_tellers) # Array para controlar até quando cada caixa estará ocupado

# Loop para simular o processo de chegada e atendimento dos clientes
for i in range(len(arrival_times)):
  # Identifica se há caixas disponíveis no momento da chegada do cliente
  teller_available = np.where(teller_busy_until <= arrival_times[i])[0]
  if len(teller_available) > 0:
    # Se há caixa disponível, o cliente é atendido imediatamente
    teller_busy_until[teller_available[0]] = arrival_times[i] + service_times[i]
    queue_wait_times.append(0) # Tempo de espera na fila é 0 para esse cliente
  else:
    # Se não há caixas disponíveis, o cliente entra na fila
    num_in_queue += 1
    # Cliente será atendido pelo próximo caixa que ficar disponível
    next_teller_available = np.argmin(teller_busy_until)
    # Calcula o tempo de espera na fila para esse cliente
    queue_wait_times.append(teller_busy_until[next_teller_available] - arrival_times[i])
    # Atualiza o tempo até o qual o caixa estará ocupado com esse cliente
    teller_busy_until[next_teller_available] += service_times[i]
```

```
# Cálculo das métricas de desempenho
avg_queue_wait = np.mean(queue_wait_times) # Calcula a média dos tempos
de espera na fila
avg_num_in_queue = num_in_queue / len(arrival_times) # Calcula a média
de clientes que entraram na fila
avg_teller_utilization = np.mean(teller_busy_until / total_seconds) #
Calcula a utilização média dos caixas

# Exibição dos resultados
print(f"Média do tempo de espera na fila: {avg_queue_wait:.2f} segundos")
print(f"Média do número de clientes na fila: {avg_num_in_queue:.2f}")
print(f"Utilização média dos caixas: {avg_teller_utilization:.2f}")
```

Nesse código, estamos simulando o atendimento dos clientes pelos caixas. Se um caixa estiver disponível quando um cliente chega, o cliente é atendido imediatamente. Se não, o cliente entra na fila e espera até que um caixa fique disponível.

Finalmente, estamos calculando algumas métricas de desempenho do sistema de filas, como o tempo médio de espera na fila, o número médio de clientes na fila e a utilização média dos caixas. Essas métricas podem ser usadas para avaliar o desempenho do sistema de atendimento do banco e identificar possíveis áreas de melhoria.

■Análise adicional

Este é um exemplo prático de como a simulação de Monte Carlo pode ser aplicada à simulação de eventos discretos. Embora este exemplo seja bastante simples, o mesmo processo pode ser aplicado a sistemas muito mais complexos, com múltiplas filas, diversos tipos de atendimento e dinâmicas de chegada variáveis. Como sempre, o segredo para uma boa simulação é a compreensão profunda do sistema que está sendo modelado, bem como a escolha apropriada das distribuições de probabilidade e parâmetros que refletem a realidade do sistema (Glasserman, 2003).

O que acontece se a taxa de chegada dos clientes aumentar para 15 clientes por hora?

Vamos aumentar a taxa de chegada dos clientes e rodar a simulação novamente:

Código Python: Análise de impacto do aumento da taxa de chegada dos clientes

```
# Aumento da taxa de chegada (clientes por segundo)
lambda_arrival = 15 / (minutes_per_hour * seconds_per_minute)
# Geração das chegadas dos clientes
arrival_times = np.cumsum(np.random.exponential(1/lambda_arrival,
int(lambda_arrival * total_seconds * 1.3)))
# Repetimos a simulação com as novas chegadas
```

```python
queue_wait_times = []
teller_busy_until = np.zeros(num_tellers)
for i in range(len(arrival_times)):
    # Mesmo código da simulação anterior
# Cálculo das métricas de desempenho
avg_queue_wait = np.mean(queue_wait_times)
avg_num_in_queue = np.mean(num_in_queue)
avg_teller_utilization = np.mean(teller_busy_until / total_seconds)
```

Ao aumentar a taxa de chegada dos clientes, podemos esperar que o tempo médio de espera na fila e o número médio de clientes na fila aumentem, pois há mais clientes chegando por unidade de tempo. Além disso, a utilização dos caixas também deve aumentar, já que eles estão atendendo a um número maior de clientes.

O que acontece se a taxa de atendimento dos caixas diminuir para 5 clientes por hora?

Agora, vamos diminuir a taxa de atendimento e rodar a simulação novamente:

Código Python: Análise de impacto da redução da taxa de atendimento dos caixas

```python
# Diminuição da taxa de atendimento (clientes por segundo)
mu_service = 5 / (minutes_per_hour * seconds_per_minute)
# Geração dos tempos de serviço
service_times = np.random.exponential(1/mu_service, len(arrival_times))
# Repetimos a simulação com os novos tempos de serviço
queue_wait_times = []
teller_busy_until = np.zeros(num_tellers)
for i in range(len(arrival_times)):
    # Mesmo código da simulação anterior
# Cálculo das métricas de desempenho
avg_queue_wait = np.mean(queue_wait_times)
avg_num_in_queue = np.mean(num_in_queue)
avg_teller_utilization = np.mean(teller_busy_until / total_seconds)
```

Ao diminuir a taxa de atendimento, podemos esperar que o tempo médio de espera na fila e o número médio de clientes na fila aumentem, pois os caixas estão atendendo a um número menor de clientes por unidade de tempo. Além disso, a utilização dos caixas deve diminuir, já que eles estão atendendo a um número menor de clientes.

O que acontece se o banco abrir mais um caixa, totalizando três caixas?

Por fim, vamos aumentar o número de caixas e rodar a simulação novamente:

Código Python: Análise do efeito de aumentar o número de caixas

```
# Aumento do número de caixas
num_tellers = 3
# Repetimos a simulação com os novos caixas
queue_wait_times = []
teller_busy_until = np.zeros(num_tellers)
for i in range(len(arrival_times)):
  # Mesmo código da simulação anterior
# Cálculo das métricas de desempenho
avg_queue_wait = np.mean(queue_wait_times)
avg_num_in_queue = np.mean(num_in_queue)
avg_teller_utilization = np.mean(teller_busy_until / total_seconds)
```

Ao aumentar o número de caixas, podemos esperar que o tempo médio de espera na fila e o número médio de clientes na fila diminuam, pois há mais caixas disponíveis para atender os clientes. Além disso, a utilização dos caixas deve diminuir, já que eles estão dividindo o atendimento entre um número maior de caixas.

A simulação de Monte Carlo, como aplicada ao sistema de atendimento bancário, revela-se uma abordagem bastante versátil. Sua capacidade de modelar o sistema de maneira realista, incorporando a natureza estocástica das chegadas dos clientes e os tempos de atendimento, oferece uma representação fiel do que acontece na realidade.

Um dos pontos fortes dessa abordagem é a flexibilidade que ela oferece. A simulação permite que os gestores do banco experimentem diferentes cenários, como mudanças nas taxas de chegada e atendimento ou no número de caixas, sem a necessidade de alterar o sistema real. Isso fornece uma oportunidade para testar várias estratégias e identificar aquelas que otimizam o desempenho do sistema.

Além disso, a simulação de Monte Carlo fornece informações que vão além dos números brutos. Ela ajuda a entender o comportamento da fila, o tempo médio de espera e a utilização dos caixas. Essas informações auxiliam a tomada de decisões estratégicas que podem afetar a satisfação do cliente e a eficiência operacional do banco.

No entanto, a simulação de Monte Carlo não está isenta de desafios. A complexidade da modelagem pode ser uma barreira, especialmente se o sistema real for intrincado. A validação do modelo é outra área que requer atenção meticulosa; uma escolha errada nas distribuições de probabilidade ou parâmetros pode levar a conclusões errôneas.

O custo computacional também pode ser uma consideração, especialmente em simulações grandes e complexas. No entanto, com o avanço contínuo da tecnologia e a disponibilidade de recursos computacionais, esse desafio está se tornando cada vez menos proeminente.

Olhando para o futuro, há várias maneiras de enriquecer e melhorar a simulação. A calibração do modelo usando dados históricos reais, a análise de sensibilidade e a extensão da simulação para sistemas mais complexos são algumas das possibilidades que podem levar a análise a um nível ainda mais profundo.

Para saber mais

Para saber mais sobre o método de simulação de Monte Carlo, sugerimos a leitura do artigo a seguir, um dos primeiros a descrever o método de Monte Carlo, uma técnica estatística para resolver problemas matemáticos usando amostragem aleatória.

METROPOLIS, N.; ULAM, S. The Monte Carlo Method. **Journal of the American Statistical Association**, v. 44, n. 247, p. 335-341, 1949.

Além desse artigo histórico, sugerimos também a obra de Rober e Casella, que apresenta uma introdução aos métodos de Monte Carlo usando a linguagem de programação *R*. Ele abrange tópicos como geração de números aleatórios, integração Monte Carlo, amostragem de importância e cadeias de Markov Monte Carlo.

ROBER, C. P.; CASELLA, G. **Introducing Monte Carlo Methods with R**. New York: Springer, 2010.

Síntese

Ao longo deste capítulo, abordamos vários aspectos fundamentais da simulação de Monte Carlo e vimos que esta é uma ferramenta estatística que nos permite analisar a incerteza e a variabilidade em sistemas complexos.

A simulação de Monte Carlo é uma abordagem que permite lidar com a incerteza, pois pode ser usada para gerar distribuições de probabilidade para quantidades que não são conhecidas com certeza. Isso pode ser útil para tomar decisões em ambientes incertos, pois nos ajuda a entender o impacto de diferentes cenários possíveis.

Explicamos também como funciona a simulação de Monte Carlo e examinamos três elementos-chave: 1) a geração de números aleatórios; 2) a modelagem de incertezas; e 3) a repetição de experimentos. Cada um desses elementos desempenha papel crucial em uma simulação de Monte Carlo eficaz.

Ressaltamos que a coleta de dados de qualidade e representativos é fundamental para o sucesso de qualquer simulação de Monte Carlo. Além disso, examinamos o papel das distribuições de probabilidade na modelagem de variáveis aleatórias.

Destacamos ainda a importância da análise de sensibilidade e da análise de cenários na interpretação dos resultados de uma simulação de Monte Carlo e como diferentes medidas estatísticas, como média, mediana e variância, podem ser usadas para resumir e interpretar os resultados de uma simulação.

A metodologia da simulação de Monte Carlo fundamenta-se, portanto, em quatro pilares: 1) a geração de números aleatórios, que serve como base para representar variáveis incertas; 2) a modelagem de incertezas, que captura a variabilidade inerente a sistemas complexos; 3) a repetição de experimentos, garantindo uma distribuição abrangente de resultados; e 4) a coleta e o tratamento de dados, que envolve análise de sensibilidade, interpretação dos resultados e aplicação de medidas estatísticas.

Questões para revisão

1) O que é a simulação de Monte Carlo?

2) Na simulação de Monte Carlo, por que a coleta de dados de qualidade é importante?

3) Assinale a alternativa que indica corretamente um elemento-chave de uma simulação de Monte Carlo:

   a. A geração de números sequenciais.
   b. A modelagem de certezas.
   c. A repetição de experimentos.
   d. O uso de uma única amostra.
   e. Utilização de amostragens aleatórias.

4) Assinale a alternativa que indica corretamente o que uma análise de sensibilidade em uma simulação de Monte Carlo pode revelar:

   a. Como a saída da simulação é sensível a alterações nos parâmetros de entrada.
   b. Como a simulação se comporta em diferentes temperaturas.
   c. A sensibilidade do computador usado para executar a simulação.
   d. A sensibilidade dos dados de entrada à corrupção.
   e. Que as variáveis de entrada têm maior influência sobre as saídas do modelo.

5) Assinale a alternativa que indica corretamente um exemplo de uma distribuição de probabilidade comumente usada na simulação de Monte Carlo:

   a. Distribuição de Carnot.
   b. Distribuição de Boltzmann.
   c. Distribuição de Maxwell.
   d. Distribuição exponencial.
   e. Distribuição uniforme.

Questões para reflexão

1) Reflita sobre o erro mais comum na interpretação dos resultados de simulações na área de educação em matemática. Qual é esse erro e como ele pode ser evitado? Elabore um texto escrito com suas considerações e compartilhe com seu grupo de estudo.

2) Qual a importância do conhecimento estatístico na interpretação correta dos resultados de uma simulação de Monte Carlo? Elabore um texto escrito com suas considerações e compartilhe com seu grupo de estudo.

Considerações finais

Ao chegarmos ao final desta obra, queremos destacar o percurso que escolhemos para conectar cada um dos temas trabalhados. Acreditamos que esse roteiro não só fortalece nosso conhecimento teórico, mas também mostra como aplicar esses conceitos de forma prática e em contexto profissional.

O principal diferencial desta obra é a relação entre teoria e prática, cujo pano de fundo, e ferramenta essencial, é a escolha de uma linguagem de programação de alto nível e de código aberto, que permite a todos, sem restrições de licenças de *software*, colocar em prática os exemplos e exercícios. Nosso objetivo foi oferecer ao leitor as ferramentas necessárias para enfrentar desafios reais e tomar decisões baseadas em informações sólidas, especialmente em situações incertas. Nosso objetivo é que você se sinta preparado para analisar sistemas complexos, fazer simulações eficazes e entender como pequenas mudanças podem melhorar os resultados.

Ressaltamos também a importância de coletar e analisar dados com cuidado. Esses dados são a base para criar modelos confiáveis e fazer simulações que realmente refletem a realidade. Incentivamos o uso do que foi abordado aqui de forma crítica, explorando diferentes cenários, testando seus modelos para fortalecer sua capacidade de tomar decisões bem-informadas.

Para quem deseja ir além, sugerimos buscar mais informações e estudos que aprofundem os temas discutidos neste livro. Ler artigos científicos, participar de grupos de estudo e envolver-se em projetos de pesquisa são ótimas maneiras de expandir seus conhecimentos e aplicá-los na prática.

Esperamos que esta obra não seja apenas um guia teórico, mas também uma inspiração para que você continue aprendendo e inovando em sua área. Que seja um ponto de partida para novas descobertas e para o aprimoramento contínuo de suas habilidades profissionais.

Lista dos códigos Python

1. Visualizador de árvore de decisão para o conjunto de dados íris — p. 31
2. Definição da classe *DecisionNode* — p. 34
3. Função para navegar pela árvore de decisão — p. 36
4. Exemplo de uso da árvore de decisão — p. 36
5. Simulador de receita de planos de telecomunicação — p. 41
6. Análise de transição e estado estacionário em cadeias de Markov — p. 52
7. Análise de probabilidade de transição de dois dias — p. 57
8. Otimização de política para manutenção de máquinas — p. 63
9. Otimizador de política de navegação urbana — p. 67
10. Política de atendimento ao cliente com MDP — p. 72
11. Simulação de sistema de filas M/M/1 — p. 85
12. Cálculo do número médio de clientes em um sistema M/M/k — p. 88
13. Simulação de sistema de filas M/M/k — p. 90
14. Simulação usando modelo M/G/1 — p. 92
15. Instalação do Pandas — p. 103
16. Estratégia de coleta e análise de dados para simulação — p. 103
17. Modelagem de chegada de clientes com distribuição normal — p. 104
18. Simulação de chegadas de clientes por hora — p. 108
19. Tempos de atendimento de clientes — p. 108
20. Validação do modelo de simulação – Teste de hipóteses — p. 110
21. Simulação de políticas de alocação de trabalho — p. 113
22. Análise de eficiência da linha de produção — p. 116
23. Estimativa de Pi via simulação de Monte Carlo — p. 125
24. Gerador de número aleatório simples — p. 127
25. Simulação de preços de ativos — p. 131
26. Simulação de retorno anual — p. 134
27. Simulação de retorno anual com simulação de Monte Carlo — p. 134
28. Análise de retorno da simulação — p. 135
29. Visualização das distribuições de retorno — p. 135
30. Ajuste da distribuição exponencial — p. 138
31. Simulação de preço de opção europeia pelo método de Monte Carlo — p. 141
32. *Data frame* — p. 143
33. Histograma dos resultados da simulação — p. 143
34. Estimativa de densidade de Kernel dos resultados da simulação — p. 144
35. Análise estatística dos resultados — p. 144

36. Simulação de preço de ativo financeiro com movimento
    browniano geométrico — p. 146
37. Inicialização de parâmetros para simulação de portfólio de ativos — p. 148
38. Simulação de preços de portfólio com correlação — p. 149
39. Cálculo do valor de um portfólio de dois ativos — p. 151
40. Inicialização e geração de dados para simulação de filas — p. 155
41. Simulação do processo de atendimento e análise de desempenho — p. 156
42. Análise de impacto do aumento da taxa de chegada dos clientes — p. 157
43. Análise de impacto da redução da taxa de atendimento dos caixas — p. 158
44. Análise do efeito de aumentar o número de caixas — p. 159

Referências

ANDRADE, E. L. **Introdução à pesquisa operacional**: métodos e modelos para análise de decisões. 2. ed. Rio de Janeiro: LTC, 2002.

ARENALES, M. et al. **Pesquisa operacional**. Rio de Janeiro: Elsevier, 2007.

BALCI, O. Validation, Verification, and Testing Techniques throughout the Life Cycle of a Simulation Study. **Annals of Operations Research**, v. 53, n. 1, p. 121-173, 1994.

BANKS, J. et al. **Discrete-Event System Simulation**. 5. ed. Upper Saddle River: Prentice Hall, 2005.

CASSANDRAS, C. G.; LAFORTUNE, S. **Introduction to Discrete Event Systems**. 3. ed. Cham: Springer, 2021.

CHWIF, L.; MEDINA, A. C. **Modelagem e simulação de eventos discretos**: teoria e aplicações. 4. ed. Rio de Janeiro: Elsevier, 2014.

GIABERTI, P.; REVETRIA, R. **Simulation and Modeling Methodologies, Technologies, and Applications**: an Introduction. Southampton: WIT Press, 2006.

GLASSERMAN, P. **Monte Carlo Methods in Financial Engineering**. New York: Springer, 2003.

GONÇALVES, M. V. R. P. **Simulação da movimentação de pedestres assumindo variáveis psicocomportamentais**. Tese (Doutorado em Ciências) – Universidade Federal do Paraná, Curitiba, 2014. Disponível em: <https://acervodigital.ufpr.br/handle/1884/34930>. Acesso em: 25 jul. 2024.

HILLIER, F. S.; LIEBERMAN, G. J. **Introdução à pesquisa operacional**. Tradução de Ariovaldo Griesi. 8. ed. Rio de Janeiro: McGraw-Hill, 2006.

LAW, A. M.; KELTON, W. D. **Simulation Modeling and Analysis**. 3. ed. Singapore: McGraw-Hill, 1999.

LONGERSTAEY, J. et al. **RiskMetrics**: Technical Document. 4. ed. New York: J. P. Morgan, 1996. Disponível em: <https://www.msci.com/documents/10199/5915b101-4206-4ba0-aee2-3449d5c7e95a>. Acesso em: 17 fev. 2024.

NATIONAL SCIENCE FOUNDATION. **Simulation-Based Engineering Science**: Revolutionizing Engineering Science Through Simulation. Washington, D.C.: NSF, 2006. Disponível em: <https://www.govinfo.gov/app/details/GOVPUB-NS-PURL-LPS72566>. Acesso em: 17 fev. 2024.

PIDD, M. **Computer Simulation in Management Science**. 5. ed. Chichester: John Wiley & Sons, 2004.

PRADO, D. **Teoria das filas e da simulação**. 2. ed. Nova Lima: INDG, 2004.

PRESS, W. H. et al. **Numerical Recipes**: The Art of Scientific Computing. 3. ed. Cambridge: Cambridge University Press, 2007.

ROBINSON, S. **Simulation**: The Practice of Model Development and Use. 6. ed. Basingstoke: Palgrave Macmillan, 2014.

ROSS, S. M. **Introduction to Probability Models**. 9. ed. New York: Elsevier, 2006.

RUSSELL, S.; NORVIG, P. **Inteligência artificial**. Tradução de Regina Célia Simille. 2. ed. Rio de Janeiro: Elsevier, 2004.

SARGENT, R. G. Verification and Validation of Simulation Models. **Journal of Simulation**, v. 7, n. 1, p. 12-24, Feb. 2013.

SHI, W. **Principles of Modeling Uncertainties in Spatial Data and Spatial Analyses**. Boca Raton: CRC Press, 2010.

SOKOLOWSKI, J. A.; BANKS, C. M. **Principles of Modeling and Simulation**: a Multidisciplinary Approach. Hoboken: John Wiley & Sons, 2011.

TAHA, H. A. **Operations Research**: an Introduction. 10. ed. São Paulo: Pearson, 2016.

TAKAGI, 1991. **Queueing Analysis**: A Foundation of Performance Analysis – Vacation and Priority Systems, Part 1. Amsterdam: Elsevier Science Publishers B.V., 1991. v. 1.

ZEIGLER, B. P.; PRAEHOFER, H.; KIM, T. G. **Theory of Modeling and Simulation**: Integrating Discrete Event and Continuous Complex Dynamic Systems. 2. ed. San Diego: Academic Press, 2000.

Bibliografia comentada

ANDRADE, E. L. **Introdução à pesquisa operacional**: métodos e modelos para análise de decisões. 2. ed. Rio de Janeiro: LTC, 2002.

> Esta obra aborda os conceitos fundamentais e as técnicas de pesquisa operacional, incluindo simulação de eventos discretos, programação linear e análise de decisão. É uma referência importante para entender como aplicar esses métodos em problemas práticos de tomada de decisão.

ARENALES, M. et al. **Pesquisa operacional**. Rio de Janeiro: Elsevier, 2007.

> O livro oferece uma visão geral da pesquisa operacional, cobrindo áreas como otimização, programação linear e simulação. É útil para quem busca uma introdução abrangente ao tema e suas aplicações.

GLASSERMAN, P. **Monte Carlo Methods in Financial Engineering**. New York: Springer, 2003.

> Este livro apresenta os métodos de Monte Carlo e suas aplicações em engenharia financeira, incluindo a precificação de derivativos e o gerenciamento de risco.

GONÇALVES, M. V. R. P. Simulação da movimentação de pedestres assumindo variáveis psicocomportamentais. Tese (Doutorado em Ciências) – Universidade Federal do Paraná, Curitiba, 2014. Disponível em: <https://acervodigital.ufpr.br/handle/1884/34930>. Acesso em: 25 jul. 2024.

> Essa tese aborda a análise da movimentação de pedestres levando em consideração variáveis comportamentais. O trabalho apresenta um modelo de simulação baseado em agentes, contribuindo significativamente para o campo da teoria de sistemas multiagentes, uma subárea da inteligência artificial. A pesquisa proporciona uma compreensão aprofundada dos mecanismos e dinâmicas envolvidos na movimentação de pedestres em diferentes contextos.

HILLIER, F. S.; LIEBERMAN, G. J. **Introdução à pesquisa operacional**. Tradução de Ariovaldo Griesi. 8. ed. Rio de Janeiro: McGraw-Hill, 2006.

> Essa obra é um texto introdutório sobre pesquisa operacional, incluindo simulação de eventos discretos, programação linear e análise de decisão. É uma referência importante para entender como aplicar esses métodos em problemas práticos de tomada de decisão e gerenciamento de recursos.

LAW, A. M.; KELTON, W. D. **Simulation Modeling and Analysis**. 3. ed. McGraw-Hill, 1999.

> O livro aborda a teoria e a prática da simulação, com ênfase na modelagem e na análise de sistemas complexos. Ele fornece uma base sólida para a compreensão e aplicação de técnicas de simulação de eventos discretos, tornando-o uma escolha relevante para a obra.

METROPOLIS, N.; ULAM, S. The Monte Carlo Method. **Journal of the American Statistical Association**, v. 44, n. 247, p. 335-341, 1949.

> Esse artigo é um dos primeiros a descrever o método de Monte Carlo, uma técnica estatística para resolver problemas matemáticos usando amostragem aleatória.

PRESS, W. H. et al. **Numerical Recipes**: the Art of Scientific Computing. 3. ed. Cambridge: Cambridge University Press, 2007.

> Esse livro apresenta uma ampla variedade de métodos numéricos para resolver problemas científicos e de engenharia, incluindo tópicos como solução de equações, otimização, interpolação, integração numérica e resolução de equações diferenciais.

ROBINSON, S. **Simulation**: the Practice of Model Development and Use. 6. ed. Basingstoke: Palgrave Macmillan, 2014.

> Esse livro oferece uma visão prática do desenvolvimento e uso de modelos de simulação, com foco em sistemas reais e na aplicação de técnicas de simulação em diferentes contextos. A abordagem prática e as discussões de simulação de eventos discretos tornam-no uma escolha apropriada para a obra.

RUSSELL, S.; NORVIG, P. **Inteligência artificial**. Tradução de Regina Célia Simille. 2. ed. Rio de Janeiro: Elsevier, 2004.

> *Inteligência artificial*, de Stuart Russell e Peter Norvig, é um dos livros-texto mais influentes na área de inteligência artificial (IA). Publicado pela Elsevier e em sua segunda edição em 2004, essa obra oferece uma abordagem abrangente e profunda à inteligência artificial.
>
> O livro é dividido em várias partes, cobrindo uma ampla gama de tópicos, incluindo busca, lógica, planejamento, aprendizado de máquina, percepção e linguagem natural, entre outros. Ele combina teorias e conceitos com exemplos práticos e exercícios, o que o torna adequado tanto para iniciantes quanto para profissionais experientes na área.

Respostas

CAPÍTULO 1

Questões para revisão

1) Tomada de decisão é um processo de escolha entre alternativas.

2) Eventos discretos são eventos que ocorrem em pontos específicos no tempo. Já a simulação de eventos discretos é uma técnica de modelagem que permite a análise do comportamento de um sistema complexo ao longo do tempo. Ela simula a ocorrência de eventos discretos, um após o outro, para analisar o impacto desses eventos no sistema como um todo, permitindo a compreensão e a análise de processos que seriam difíceis ou impossíveis de observar diretamente na realidade.

3) b

4) b

5) a

Questões para reflexão

1) Resposta esperada: A simulação de eventos discretos e a modelagem estatística são duas abordagens diferentes para modelar sistemas complexos. Ambas têm vantagens e desvantagens que as tornam mais ou menos apropriadas para diferentes situações. A modelagem estatística é uma técnica que usa dados históricos para construir um modelo matemático que descreve o comportamento de um sistema. Os modelos podem ser usados para prever o comportamento futuro do sistema e para identificar as variáveis que mais influenciam seu desempenho. A modelagem estatística é particularmente útil quando os dados históricos são abundantes e confiáveis e quando o sistema é relativamente estável. Já a simulação de eventos discretos é uma técnica que usa um modelo matemático para simular o comportamento de um sistema ao longo do tempo. Em vez de depender de dados históricos, a simulação permite testar diferentes cenários e estratégias para avaliar seu impacto no desempenho do sistema. A simulação é particularmente útil quando o sistema é complexo e dinâmico e quando as variáveis que influenciam seu desempenho são interdependentes. Uma das principais diferenças entre a modelagem estatística e a simulação de eventos discretos é a abordagem de modelagem subjacente. A modelagem estatística geralmente pressupõe que o sistema segue uma distribuição probabilística específica, enquanto a simulação de eventos discretos usa regras e lógica para modelar o comportamento do sistema. Como resultado, a simulação pode ser mais flexível e permitir uma modelagem mais realista e precisa de sistemas complexos. No entanto, a simulação de eventos discretos pode ser mais complexa e demorada que a modelagem estatística. A construção de um modelo de simulação requer uma compreensão detalhada do sistema e das interações entre suas partes. Além disso, a execução de uma simulação pode ser demorada, especialmente quando é necessário avaliar muitos cenários diferentes. Portanto, ambas têm vantagens e desvantagens que as tornam mais ou menos apropriadas para diferentes situações. A escolha entre as duas técnicas dependerá das características do sistema a ser modelado e dos objetivos da modelagem.

2) Resposta esperada: Criar um modelo de simulação pode ser um processo desafiador devido à complexidade inerente ao sistema que está sendo modelado. Alguns dos principais desafios que podem surgir ao criar um modelo de simulação incluem: lidar com a incerteza nos dados de entrada, visto que o modelo de simulação é tão preciso quanto os dados de entrada que recebe. No entanto, muitas vezes, os dados disponíveis são incompletos ou imprecisos, o que pode levar a resultados imprecisos. É importante identificar e lidar com a incerteza nos dados de entrada para garantir que o modelo seja o mais preciso possível; garantir que o modelo

reflita com precisão o sistema real, porque o modelo de simulação deve ser capaz de representar com precisão as interações e dependências entre os componentes do sistema real. Isso pode ser um desafio, pois as relações entre os componentes podem ser complexas e difíceis de entender. É importante trabalhar em estreita colaboração com especialistas no assunto para garantir que o modelo reflita com precisão o sistema real.

3) Resposta esperada: Lidar com a incerteza nos dados de entrada e garantir que o modelo reflita com precisão o sistema real são desafios críticos na criação de um modelo de simulação. Algumas estratégias que podem ajudar a lidar com esses desafios incluem: coletar e analisar dados de entrada com cuidado; identificar e quantificar a incerteza nos dados de entrada; utilizar técnicas de modelagem estatística; fazer a validação cruzada; fazer revisões por pares; e colaborar com especialistas no assunto.

4) Resposta esperada: Os resultados da simulação podem ser analisados e interpretados de diversas formas, dependendo do objetivo da simulação e dos dados coletados. Alguns métodos comuns de análise e interpretação de resultados incluem: a) análise de estatísticas descritivas – pode ser usada para resumir os resultados da simulação e fornecer uma visão geral das distribuições de resultados; b) análise de sensibilidade – envolve a variação dos valores dos parâmetros de entrada para avaliar o impacto que essas variações têm nos resultados da simulação, o que pode ajudar a identificar quais parâmetros têm maior impacto nos resultados da simulação e, portanto, requerem mais atenção ou ajustes; c) análise de cenários – envolve a criação de diferentes cenários de simulação, com diferentes valores de entrada, para comparar os resultados e entender como as mudanças nos parâmetros de entrada afetam os resultados; d) análise de validação – processo crítico para garantir que os resultados da simulação reflitam com precisão o sistema real. A validação envolve a comparação dos resultados da simulação com dados observados do sistema real, o que pode incluir a comparação de estatísticas descritivas, a análise de sensibilidade e a análise de cenários.

CAPÍTULO 2

Questões para revisão

1) Uma série de eventos em que o próximo evento depende apenas do evento anterior.

2) Um método para calcular a probabilidade de transição entre estados em uma cadeia de Markov.

3) c

4) a

5) a

Questões para reflexão

1) Resposta esperada: As cadeias de Markov são técnicas importantes na modelagem estocástica, mas, como todas as abordagens, têm suas forças e fraquezas. O principal ponto de destaque das cadeias de Markov é a propriedade de esquecimento, em que a probabilidade futura depende apenas do estado atual, e não do histórico de estados passados. Isso pode simplificar significativamente a modelagem em muitos contextos, mas também pode ser uma limitação se houver dependência dos estados passados, que não podem ser ignorados. Em contraste, outros métodos estocásticos podem acomodar memórias mais longas, mas ser mais complexos para implementar e analisar.

2) Resposta esperada: Apesar de sua utilidade, as equações de Chapman-Kolmogorov podem ser desafiadoras para aplicar em alguns contextos. Uma delas é a necessidade de informações completas sobre as probabilidades de transição. Na prática, muitas vezes temos informações parciais ou incertas, o que pode tornar a aplicação dessas equações difícil. Além disso, quando o número de estados é muito grande, a manipulação e o cálculo das probabilidades de transição podem se tornar desafiadores.

3) Resposta esperada: Os modelos de decisão markovianos (MDMs) são técnicas (abordagens ou modelos) que permitem modelar problemas de decisão em que a incerteza e o tempo desempenham um papel importante, mas também têm suas limitações. Os MDMs assumem a propriedade de Markov, o que pode não ser apropriado em todos os contextos. Além disso, a implementação e a resolução de MDMs podem ser complexas, especialmente quando o número de estados e ações é grande.

CAPÍTULO 3

Questões para revisão

1) Um sistema que descreve como os clientes entram, interagem e saem.

2) Modelar a chegada e o serviço dos clientes.

3) b

4) c

5) a

Questões para reflexão

1) Resposta esperada: A introdução de uma distribuição geral (G) aumenta a complexidade dos modelos M/G/1 e G/M/1 porque se afasta das suposições simplificadoras da distribuição exponencial, que possui propriedades matematicamente convenientes, como a "falta de memória". Isso requer métodos analíticos e numéricos mais complexos para a análise desses modelos. No entanto, essa complexidade adicional permite uma modelagem mais realista de muitos sistemas práticos, em que os tempos de chegada ou de serviço não seguem necessariamente uma distribuição exponencial, aumentando assim a aplicabilidade dos modelos em uma variedade de contextos.

2) Resposta esperada: ao aplicar o modelo M/G/1 em sistemas reais, como clínicas médicas, um desafio significativo é a necessidade de uma caracterização precisa da distribuição dos tempos de serviço, que podem variar amplamente entre pacientes. Isso pode exigir a coleta e a análise de grandes conjuntos de dados para determinar a distribuição correta. Além disso, a variabilidade nos tempos de serviço pode levar a filas mais longas e tempos de espera imprevisíveis, tornando mais difícil garantir um alto nível de satisfação do paciente e a eficiência operacional.

3) Resposta esperada: em um sistema de filas como um ponto de táxi, a irregularidade nas chegadas (modelo G/M/1) pode tornar o planejamento e a gestão mais desafiadores, pois a previsibilidade das chegadas é menor. Isso pode resultar em períodos de alta demanda não atendida (com clientes esperando por longos períodos) ou em períodos de baixa demanda, em que os recursos (táxis) estão subutilizados. Estratégias como dimensionamento dinâmico da frota ou sistemas de agendamento podem ser necessárias para lidar com essas variações.

4) Resposta esperada: as diferenças fundamentais entre os modelos M/G/1 e G/M/1 residem na natureza das chegadas e dos serviços. No M/G/1, a gestão pode se concentrar em otimizar os tempos de serviço, talvez padronizando procedimentos ou capacitando a equipe para lidar com variabilidades. Já no G/M/1, a ênfase pode ser colocada em gerenciar a variabilidade das chegadas, possivelmente por meio de sistemas de agendamento ou tarifação dinâmica para suavizar os picos de demanda. Ambas as abordagens buscam melhorar a eficiência e a experiência do cliente, mas a escolha do modelo e da estratégia depende da característica dominante do sistema em questão, seja na variabilidade nos serviços, seja nas chegadas.

CAPÍTULO 4

Questões para revisão

1) b

2) b

3) Os componentes de um modelo de simulação, geralmente, incluem entidades ou agentes que representam os objetos ou elementos do sistema, o estado do sistema que descreve todas as variáveis relevantes em um determinado momento, eventos que alteram o estado do sistema, um relógio de simulação para acompanhar a passagem do tempo, parâmetros e variáveis de entrada, que influenciam o comportamento do sistema, e variáveis de saída, que são os resultados da simulação.

4) O processo de simulação envolve várias etapas, incluindo: formulação do problema a ser estudado; construção de um modelo computacional que representa o sistema real; validação do modelo para garantir que ele reproduza de forma adequada o comportamento do sistema real; *design* de experimentos para definir como as simulações serão conduzidas; execução da simulação utilizando o modelo, a análise dos resultados gerados para interpretar o comportamento do sistema sob diferentes cenários; e tomada de decisão baseada nos *insights* obtidos por meio da simulação.

5) b

Questões para reflexão

1) Resposta esperada: a simulação é uma ferramenta extremamente versátil que pode ser aplicada em uma ampla gama de campos, além dos tradicionalmente associados, como engenharia e medicina. Áreas como ciências sociais, educação, arte e *design* também podem se beneficiar da simulação. Por exemplo, na ciência social, a simulação pode ajudar a entender o comportamento coletivo em situações complexas, como evacuações de emergência ou dinâmicas de mercado. Na educação, simulações interativas podem proporcionar experiências de aprendizado imersivas, ajudando os alunos a compreender conceitos complexos por meio da prática. A aplicabilidade em campos diversos decorre da capacidade da simulação de criar representações simplificadas de sistemas reais, permitindo explorar cenários hipotéticos e analisar o impacto de diferentes variáveis de maneira controlada e segura.

2) Resposta esperada: a simulação pode desempenhar um papel crucial na melhoria da tomada de decisões, fornecendo informações preditivas sobre o comportamento de sistemas complexos sob diferentes condições. Isso permite que os tomadores de decisão avaliem as consequências potenciais de suas escolhas antes de implementá-las no mundo real, reduzindo riscos e incertezas. Por exemplo, simulações em gestão de cadeias de suprimentos podem ajudar empresas a otimizar suas operações para eficiência máxima e resiliência, e simulações em saúde pública podem informar estratégias de intervenção durante surtos epidêmicos. A capacidade de testar e refinar políticas ou produtos em um ambiente virtual antes de sua execução ou lançamento é um benefício inestimável da simulação. O uso ético e responsável da simulação é crucial, especialmente considerando que as decisões baseadas em simulações podem ter impactos significativos na vida real. É fundamental garantir a precisão dos modelos de simulação e a validade dos dados utilizados, bem como ser transparente sobre as suposições feitas e as limitações dos modelos. Além disso, é importante considerar as implicações éticas das decisões informadas por simulações, especialmente quando afetam indivíduos ou comunidades vulneráveis. Por exemplo, ao usar simulações para planejar o desenvolvimento urbano, é vital considerar o impacto potencial em todos os segmentos da população e envolver as comunidades afetadas no processo de planejamento. Adotar uma abordagem ética e responsável assegura que a simulação seja usada como uma força para o bem, promovendo a equidade e a inclusão nas decisões informadas por essas ferramentas.

CAPÍTULO 5

Questões para revisão

1) A simulação de Monte Carlo é uma técnica computacional que utiliza a geração aleatória de números para simular processos e calcular probabilidades. Ela permite a análise estatística de modelos complexos que podem ser difíceis de resolver analiticamente.

2) Na simulação de Monte Carlo, a coleta de dados de qualidade é importante porque esses dados fundamentam o modelo de simulação. Dados precisos e representativos garantem que os resultados da simulação reflitam adequadamente o comportamento do sistema real, tornando as conclusões derivadas da simulação mais confiáveis e úteis para a tomada de decisão.

3) e

4) a

5) d

Questões para reflexão

1) Resposta esperada: Na área de educação em matemática, um erro comum é a interpretação dos resultados de simulações como determinísticos, ignorando a natureza probabilística e as incertezas associadas. Por exemplo, ao simular o desempenho de alunos em diferentes metodologias de ensino, podemos incorrer no erro de considerar uma metodologia superior com base em uma única execução da simulação, sem considerar a variação nos resultados devido a diferentes fatores, como habilidades dos alunos, ambiente de aprendizagem, entre outros. Esse erro pode ser evitado pela realização de múltiplas execuções da simulação, cada uma com diferentes conjuntos de dados de entrada para representar a variabilidade nas condições de ensino e aprendizagem. Além disso, é fundamental apresentar os resultados em termos de intervalos de confiança ou distribuições de probabilidade, que refletem a incerteza e a variabilidade inerentes aos dados e ao modelo. Isso proporciona uma visão mais abrangente e realista dos possíveis desempenhos das metodologias de ensino.

2) Resposta esperada: O conhecimento estatístico é crucial para a interpretação correta dos resultados de uma simulação de Monte Carlo, especialmente na educação matemática. Compreender conceitos como variabilidade, distribuições de probabilidade, intervalos de confiança e significância estatística permite aos educadores e pesquisadores interpretar os resultados de forma mais informada. Isso inclui a capacidade de distinguir entre variações nos resultados devido ao acaso e diferenças genuínas entre as metodologias de ensino testadas. O conhecimento estatístico robusto também ajuda a desenvolver simulações mais precisas e confiáveis, levando a resultados mais válidos e aplicáveis à prática educativa.

Sobre a autora

Marina Vargas é doutora e mestra em Métodos Numéricos em Engenharia pela Universidade Federal do Paraná (UFPR), especialista em Educação Matemática pela Universidade Paranaense (Unipar) e graduada em Matemática pela mesma instituição. Sua atuação profissional relaciona-se a inteligência artificial, simulação do tráfego pedonal e desenvolvimento de modelos físico-matemáticos para descrever o fluxo de tráfego de pedestres em situações de pânico. Desenvolveu pesquisa sobre a utilização do método de Lattice-Boltzmann (LBM) para a avaliação do fluxo sanguíneo em artérias do corpo humano. Atualmente, dedica-se à pesquisa sobre a aplicação de metodologias ativas de aprendizagem, conhecidas como *meta-aprendizagem*. Estuda também os benefícios do ensino híbrido e explora a intersecção da neurociência com a educação matemática e a educação em engenharia. Leciona em cursos técnicos, de graduação e pós-graduação, presenciais, híbridos e a distância (EaD). Participa da produção de materiais didáticos e técnicos para diversos cursos (Matemática, Física, Estatística, Engenharias, Administração, Ciências Contábeis, Gestão Financeira, Marketing, Recursos Humanos, Ciência de Dados e Inteligência Artificial) voltados para as áreas de educação, ciências exatas e tecnologia.

Impressão:
Agosto/2024